文本上的算法
——深入浅出自然语言处理

路彦雄 著

人民邮电出版社
北京

图书在版编目（CIP）数据

文本上的算法 ： 深入浅出自然语言处理 / 路彦雄著
. -- 北京 ： 人民邮电出版社，2018.2（2020.11重印）
（深度学习系列）
ISBN 978-7-115-47587-9

Ⅰ. ①文… Ⅱ. ①路… Ⅲ. ①自然语言处理—研究
Ⅳ. ①TP391

中国版本图书馆CIP数据核字(2017)第324759号

内 容 提 要

本书结合作者多年学习和从事自然语言处理相关工作的经验，力图用生动形象的方式深入浅出地介绍自然语言处理的理论、方法和技术。本书抛弃掉繁琐的证明，提取出算法的核心，帮助读者尽快地掌握自然语言处理所必备的知识和技能。

本书主要分两大部分。第一部分是理论篇，包含前 3 章内容，主要介绍一些基础的数学知识、最优化理论知识和一些机器学习的相关知识。第二部分是应用篇，包含第 4 章到第 8 章，分别针对计算性能、文本处理的术语、相似度计算、搜索引擎、推荐系统、自然语言处理和对话系统等主题展开介绍和讨论。

本书适合从事自然语言处理相关研究和工作的读者参考，尤其适合想要了解和掌握机器学习或者自然语言处理技术的读者阅读。

◆ 著　　　　路彦雄
责任编辑　陈冀康
责任印制　焦志炜
◆ 人民邮电出版社出版发行　　北京市丰台区成寿寺路 11 号
邮编　100164　　电子邮件　315@ptpress.com.cn
网址　http://www.ptpress.com.cn
固安县铭成印刷有限公司印刷
◆ 开本：720×960　1/16
印张：13.25
字数：368 千字　　　　2018 年 2 月第 1 版
印数：5 801－6 100 册　　　　2020 年 11 月河北第 7 次印刷

定价：69.00 元

读者服务热线：(010)81055410　印装质量热线：(010)81055316
反盗版热线：(010)81055315
广告经营许可证：京东市监广登字20170147号

前言

现在还记得我当年刚毕业踏入工作的情景——专业知识几乎一张白纸的我，学习欲望非常强烈，工作之余就是看各种书籍，翻阅各种论文，一开始还是在博客上记笔记，后来转到了印象笔记来记录。这些笔记都是我成长的见证，也是我个人的一些总结和思考，但却总是零零散散的，所以我想整理成正式一点的文档，方便查阅。这些知识（去除掉不可公开的内容后）在大家平常的学习和工作中都会用到，整理成文档也可以作为别人的一种参考资料；而且我也希望除了必不可少的公式外，尽量以更口语化的方式表达出来，抛弃繁琐的证明，触及算法的核心，尽可能达到深入浅出。当我把文档整理完成后，就放到了网上，竟然收到了网友的一致好评，算是意外的收获，也令我非常高兴。于是，我就丰富完善了一些内容，写成了这本书。站在更高层面来说，自然语言处理还处在初级阶段，离人理解语言还是相差好远，所以我也希望本书能唤起更多人的兴趣，来共同提高自然语言处理技术的水平。

本书的读者对象包括计算机相关专业的学习者，也包括从事机器学习或者自然语言处理的工作人员，当然，我也希望更多的人来翻阅一下，大致了解文本技术的轮廓并从中受益。

本书主要分两大部分：理论篇和应用篇。第一部分是理论篇，包括前 3 章。第 1 章和第 2 章是为第 3 章打基础，其中第 1 章介绍的是一些基础的数学知识，第 2 章介绍的是最优化理论知识，第 3 章具体介绍一些机器学习的相关知识。

第二部分是应用篇，包括第 4 章到第 8 章。第 4 章介绍计算性能，算是更偏工程的唯一一章；第 5 章介绍的是文本处理时的一些基本术语，其中相似度计算的内容非常重要；第 6 章介绍的是一个工业搜索引擎需要哪些技术点；第 7 章讲解的是推荐系统的知识点；第 8 章介绍理解语言的难点，包括两大知识点——自然语言处理和对话系统，当然其中也讨论了人们对人工智能一些看法。

首先非常感谢我的父母和家人的支持，让我进入了一个蓬勃发展的互联网行业，让我有幸见证这个行业的发展，也能为这个行业贡献一份绵薄之力。非常感谢我的老板、同事和朋友们，和他们的交流对我有很大的启发和帮助。非常感谢出版社的编辑对本书的认真修改。最后，感谢在工作和生活中帮助过我的所有人，谢谢你们！

虽然花了一些时间和精力去核对书中的内容，但因为时间仓促，本人水平有限，书中难免会有一些错误和纰漏。如果大家发现什么问题，恳请不吝指出，相关信息可反馈到我的邮箱 yanxionglu@gmail.com。

目录

理 论 篇

应 用 篇

理　论　篇

第1章 你必须知道的一些基础知识

机器学习是解决很多文本任务的基本工具，本书自然会花不少篇幅来介绍机器学习。要想搞明白什么是机器学习，一定要知道一些概率论和信息论的基本知识，本章就简单回顾一下这些知识（如果读者已经掌握了这些基础知识，可以跳过本章，继续阅读）。

1.1 概率论

概率就是描述一个事件发生的可能性。我们生活中绝大多数事件都是不确定的，每一件事情的发生都有一定的概率（确定的事件就是其概率为100%而已）。天气预报说明天有雨，那么它也只是说明天下雨的概率很大。再比如掷骰子，我把一个骰子掷出去，问某一个面朝上的概率是多少？在骰子没有做任何手脚的情况下，直觉告诉你任何一个面朝上的概率都是1/6，如果你只掷几次，是很难得出这个结论的，但是如果你掷上1万次或更多，那么必然可以得出任何一个面朝上的概率都是1/6的结论。这就是大数定理：当试验次数（样本）足够多的时候，事件出现的频率无限接近于该事件真实发生的概率。

假如我们用概率函数来表示随机变量$x \in X$的概率分布，那么就要满足

如下两个特性

$$0 \leqslant p(x) \leqslant 1$$

$$\sum_{x \in X} p(x) = 1$$

联合概率 $p(x,y)$ 表示两个事件共同发生的概率。假如这两个事件相互独立，那么就有联合概率 $p(x,y) = p(x)p(y)$。

条件概率 $p(y \mid x)$ 是指在已知事件 x 发生的情况下，事件 y 发生的概率，且有 $p(y \mid x) = p(x,y)/p(x)$。如果这两个事件相互独立，那么 $p(y \mid x)$ 与 $p(y)$ 相等。

联合概率和条件概率分别对应两个模型：生成模型和判别模型。我们将在下一章中解释这两个模型。

概率分布的均值称为**期望**，定义如下

$$\mathrm{E}[X] = \sum_{x \in X} x\, p(x)$$

期望就是对每个可能的取值 x，与其对应的概率值 $p(x)$，进行相乘求和。假如一个随机变量的概率分布是均匀分布，那么它的期望就等于一个固定的值，因为它的概率分布 $p(x)=1/N$。

概率分布的**方差**定义如下

$$\mathrm{Var}[X] = \sum_{x \in X} (x - \mathrm{E}[x])^2 p(x) = \mathrm{E}\left[(X - \mathrm{E}[X])^2\right]$$

可以看出，方差是表示随机变量偏离期望的大小，所以它是衡量数据的波动性的，方差越小表示数据越稳定，反之，方差越大表示数据的波动性越大。

另外，你还需要知道的几个常用的概率分布：均匀分布、正态分布、二项分布、泊松分布、指数分布，等等。你还可以了解一下矩阵的知识，因为所有公式都可以表示成矩阵形式。

1.2 信息论

假如一个朋友告诉你外面下雨了，你也许觉得不怎么新奇，因为下雨

是很平常的一件事情，但是如果他告诉你他见到外星人了，那么你就会觉得很好奇：真的吗？外星人长什么样？同样两条信息，一条信息量很小，一条信息量很大，很有价值，那么怎么量化这个价值呢？这就需要信息熵，一个随机变量 X 的**信息熵**定义如下

$$H(X) = -\sum_{x \in X} p(x) \log p(x)$$

信息越少，事件（变量）的不确定性越大，它的信息熵也就越大，搞明白该事件所需要的额外信息就越多，也就是说搞清楚小概率事件所需要的额外信息较多，比如说，为什么大多数人愿意相信专家的话，因为专家在他专注的领域了解的知识（信息量）多，所以他对某事件的看法较透彻，不确定性就越小，那么他所传达出来的信息量就很大，听众搞明白该事件所需要的额外信息量就很小。总之，记住一句话：**信息熵表示的是不确定性的度量**。信息熵越大，不确定性越大。

联合熵的定义为

$$H(X,Y) = -\sum_{x \in X, y \in Y} p(x,y) \log p(x,y)$$

联合熵描述的是一对随机变量 X 和 Y 的不确定性。

条件熵的定义为

$$H(Y|X) = -\sum_{x \in X, y \in Y} p(x,y) \log p(y \mid x)$$

条件熵衡量的是：在一个随机变量 X 已知的情况下，另一个随机变量 Y 的不确定性。

相对熵（又叫 KL 距离，信息增益）的定义如下

$$\mathrm{D}_{\mathrm{KL}}(p \,||\, q) = \sum_{x \in X} p(x) \log \frac{p(x)}{q(x)}$$

相对熵是衡量相同事件空间里两个概率分布（函数）的差异程度（而前面的熵衡量的是随机变量的关系）。当两个概率分布完全相同时，它们的相对熵就为 0，当它们的差异增加时，相对熵就会增加。相对熵又叫 KL

距离，但是它不满足距离定义的 3 个条件中的两个：（1）非负性（满足）；（2）对称性（不满足）；（3）三角不等式（不满足）。它的物理意义就是如果用 q 分布来编码 p 分布（一般就是真实分布）的话，平均每个基本事件编码长度增加了多少比特。

两个随机变量 X 和 Y，它们的**互信息**定义为

$$I(X;Y) = D_{\mathrm{KL}}(p(x,y) \,\|\, p(x)p(y)) = \sum_{x \in X, y \in Y} p(x,y) \log \frac{p(x,y)}{p(x)p(y)}$$

互信息是衡量两个随机变量的相关程度，当 X 和 Y 完全相关时，它们的互信息就是 1；反之，当 X 和 Y 完全无关时，它们的互信息就是 0。

对于 x 和 y 两个具体的事件来说，可以用**点互信息**（Pointwise Mutual Information）来表示它们的相关程度。后面的章节就不做具体区分，都叫作互信息。

$$\mathrm{PMI}(x;y) = \log \frac{p(x,y)}{p(x)p(y)}$$

互信息和熵有如下关系

$$I(X;Y) = H(X) - H(X|Y) = H(Y) - H(Y|X)$$

互信息和 KL 距离有如下关系

$$\begin{aligned} I(X;Y) &= D_{\mathrm{KL}}(p(x,y) \,\|\, p(x)p(y)) \\ &= \mathrm{E}_X[D_{\mathrm{KL}}(p(y|x) \,\|\, p(y))] \\ &= \mathrm{E}_Y[D_{\mathrm{KL}}(p(x|y) \,\|\, p(x))] \end{aligned}$$

如果 X 和 Y 完全不相关，$p(x,y) = p(x)p(y)$，则 $D_{\mathrm{KL}}(p \,\|\, q) = 0$，互信息也为 0。可以看出互信息是 KL 距离的期望。

交叉熵的定义如下

$$\begin{aligned} H(X,q) &= H(X) + \mathrm{D}_{\mathrm{KL}}(p \,\|\, q) \\ &= -\sum\nolimits_x p(x) \log q(x) \quad \text{（离散分布时）} \end{aligned}$$

它其实就是用分布 q 来表示 X 的熵，也就是说用分布 q 来编码 X（它的完美分布是 p）需要多少比特。

好了，介绍了这么多概念公式，那么我们来个实际的例子，在文本处理中，有个很重要的数据就是词的互信息。前面说了，互信息是衡量两个随机变量（事件）的相关程度，那么词的互信息，就是衡量两个词的相关程度，例如，“计算机”和“硬件”的互信息就比“计算机”和“杯子”的互信息要大，因为它们更相关。那么如何在大量的语料下统计出词与词的互信息呢？公式中可以看到需要计算 3 个值：$p(x)$、$p(y)$ 和 $p(x,y)$。它们分别表示 x 独立出现的概率，y 独立出现的概率，x 和 y 同时出现的概率。前两个很容易计算，直接统计词频然后除以总词数就知道了，最后一个也很容易，统计一下 x 和 y 同时出现（通常会限定一个窗口）的频率，除以所有无序对的个数就可以了。这样，词的互信息就计算出来了，这种统计最适合使用 Map-Reduce 来计算。

1.3 贝叶斯法则

贝叶斯法则是概率论的一部分，之所以单独拿出来介绍，是因为它真的很重要。它是托马斯•贝叶斯生前在《机遇理论中一个问题的解》（*An Essay Towards Solving a Problem in Doctrine of Chance*）中提出的一个当时叫“逆概率”问题。贝叶斯逝世后，由他的一个朋友替他发表了该论文，后来在这一理论基础上，逐渐形成了贝叶斯学派。

贝叶斯法则的定义如下

$$p(x \mid y) = \frac{p(y \mid x)p(x)}{p(y)}$$

$p(x \mid y)$ 称为后验概率，$p(y \mid x)$ 称为似然概率，$p(x)$ 称为先验概率，$p(y)$ 一般称为标准化常量。也就是说，后验概率可以用似然概率和先验概率来表示。这个公式非常有用，很多模型以它为基础，例如贝叶斯模型估计、机器翻译、Query 纠错、搜索引擎等等。在后面的章节中，大家经常会看到这个公式。

好了，这个公式看着这么简单，到底能有多大作用呢？我们先拿中文分词来说说这个公式如何应用的。

中文分词在中文自然语言处理中可以算是最底层、最基本的一个技术了，因为几乎所有的文本处理任务都要首先经过分词这步操作，那么到底要怎么对一句话分词呢？最简单的方法就是查字典，如果这个词在字典中出现了，那么就是一个词。当然，查字典要有一些策略，最常用的就是最大匹配法。最大匹配法是怎么回事呢？举个例子来说，要对“中国地图”来分词，先拿“中”去查字典，发现“中”在字典里（单个词肯定在字典里），这时肯定不能返回，要接着查，“中国”也在字典里，然后再查“中国地”，发现它没在字典里，那么“中国”就是一个词了；然后以同样的方法处理剩下的句子。所以，最大匹配法就是匹配在字典中出现的最长的词。查字典法有两种：正向最大匹配法和反向最大匹配法，一个是从前向后匹配，一个是从后向前匹配。但是查字典法会遇到一个自然语言处理中很棘手的问题：歧义问题。如何解决歧义问题呢？

我们就以“学历史知识”为例来说明，使用正向最大匹配法，我们把“学历史知识”从头到尾扫描匹配一遍，就被分成了“学历 \ 史 \ 知识”，很显然，这种分词不是我们想要的结果；但是如果我们使用反向最大匹配法从尾到头扫描匹配一遍，那就会分成“学 / 历史 / 知识”，这才是我们想要的分词结果。可以看出用查字典法来分词，就会存在二义性，一种解决办法就是分别从前到后和从后到前匹配。在这个例子中，我们分别从前到后和从后到前匹配后，将得到“学历 \ 史 \ 知识”和“学 / 历史 / 知识”，很显然，这两个分词都有“知识”，那么说明“知识”是正确的分词，然后就看“学历 \ 史”和“学 / 历史”哪个是正确的。从我们的角度看，很自然想到“学 / 历史”是正确的，为什么呢？因为（1）在“学历 \ 史”中“史”这个词单独出现的概率很小，在现实中我们几乎不会单独使用这个词；（2）“学历”和“史”同时出现的概率也要小于“学”和“历史”同时出现的概率，所以“学 / 历史”这种分词将会胜出。这只是我们人类大脑的猜测，有什么数学方法证明呢？有，那就是基于统计概率模型。

我们的数学模型表示如下：假设用户输入的句子用 S 表示，把 S 分词后可能的结果表示为 A：$A_1, A_2, \cdots, A_k$（A_i 表示词），那么我们就是求条件概率 $p(A \mid S)$ 达到最大值的那个分词结果。这个概率不好求出，这时贝叶斯法则就用上派场了，根据贝叶斯公式改写为

$$p(A \mid S) = \frac{p(S \mid A)p(A)}{p(S)}$$

显然，$p(S)$ 是一个常数，那么公式相当于改写成

$$p(A \mid S) \propto p(S \mid A)p(A)$$

其中，$p(S \mid A)$ 表示 (A) 这种分词生成句子 S 的可能性；$p(A)$ 表示 (A) 这种分词本身的可能性。

下面的事情就很简单了。对于每种分词计算一下 $p(S \mid A)p(A)$ 这个值，然后取最大的，得到的就是最靠谱的分词结果。比如“学历史知识”（用 S 表示）可以分为如下两种（当然，实际情况就不止两种情况了）：“学历\史\知识”（用 A 表示，A_1= 学历，A_2= 史，A_3= 知识）和“学/历史/知识”（用 B 表示，B_1= 学，B_2= 历史，B_3= 知识），那么我们分别计算一下 $p(S \mid A)p(A)$ 和 $p(S \mid B)p(B)$，哪个大，就说明哪个是好的分词结果。

但是 $p(S \mid A_1, A_2, \ldots A_k)p(A_1, A_2, \ldots A_k)$ 这个公式并不是很好计算，$p(S \mid A_1, A_2, \ldots A_k)$ 可以认为就是 1，因为由 $A_1, A_2, \ldots, A_k$ 必然能生成 S，那么剩下的问题就是如何计算 $p(A_1, A_2, \ldots, A_k)$。

在数学中，要想简化数学模型，就要利用假设。我们假设句子中一个词的出现概率只依赖于它前面的那个词（当然可以依赖于它前面的 m 个词），这样，根据全概率公式

$$p(A_1, A_2, \ldots, A_k) = \\ p(A_1)p(A_2 \mid A_1)p(A_3 \mid A_2, A_1) \ldots p(A_k \mid A_1, A_2, \ldots, A_{k-1})$$

就可以改写为

$$p(A_1, A_2, \ldots, A_k) = p(A_1)p(A_2 \mid A_1)p(A_3 \mid A_2) \ldots p(A_k \mid A_{k-1})$$

接下来的问题就是如何估计 $p(A_i \mid A_{i-1})$。然而，$p(A_i \mid A_{i-1}) = p(A_{i-1}, A_i)/$

$p(A_{i-1})$，这个问题变得很简单，只要数一数（A_{i-1},A_i）这对词在统计的文本中前后相邻出现了多少次，以及 A_{i-1} 本身在同样的文本中出现了多少次，然后用两个数除以它就可以了。

上面计算$p(A_1,A_2,\ldots A_k)$的过程其实就是**统计语言模型**，然而真正在计算语言模型的时候，要对公式进行平滑操作。Zipf 定律指出：一个单词出现的频率与它在频率表里的排名（按频率从大到小）成反比。这说明对于语言中的大多数词，它们在语料中的出现是稀疏的，数据稀疏会导致所估计的分布不可靠，更严重的是会出现零概率问题，因为$p(A_{i-1},A_i)$的值有可能为 0，这样整个公式的值就为 0，而这种情况是很不公平的，所以平滑解决了这种零概率问题。具体的平滑算法读者可以参考论文《An Empirical Study of Smoothing Techniques for Language Modeling》。

然而在实际系统中，由于性能等因素，很少使用语言模型来分词消歧，而是使用序列标注模型（后面章节会讲到）、语料中词与词的共现信息、词的左熵（该词左边出现过的所有词的信息熵之和）和右熵（该词右边出现过的所有词的信息熵之和），以及一些词典等方法来消歧。新词发现技术也和这个技术差不多。

1.4 问题与思考

1．熵、相对熵和交叉熵的物理意义是什么？

2．贝叶斯法则的优缺点是什么，有哪些应用？

第2章

我们生活在一个寻求最优解的世界里

金庸小说里，一般来说，一个人的内功越高他的武功就越高，例如，练了《易筋经》之后，随便练点什么招式都能成为高手。最优化模型就是机器学习的“内功”，几乎每个机器学习模型的背后都是一个最优化模型。本章讲解最优化模型。

2.1 最优化问题

通常人们会认为商人最精明，因为他们总是希望付出最小的成本来获得最大的收益。其实，我们每个人都生活在一个寻求最优解的世界里，因为人心是贪婪的，人们永远想得到他们认为最好的东西。我们买东西的时候，是不是希望花尽可能少的钱买到质量更好的物品？我们从一个地方去到另一个地方，是不是希望尽可能走最短的路线？

科学抽象于生活，科学服务于生活。几乎每个机器学习问题背后都是一个最优化问题。一般的最优化形式表示如下

$$\begin{aligned} \min \quad & f(x) \\ \text{s.t.} \quad & h(x)=0 \\ & g(x)\leqslant 0 \end{aligned}$$

$f(x)$ 是目标函数，$h(x)$ 和 $g(x)$ 分别是约束条件，有的问题可以没有约束条件：只有 $f(x)$，称为无约束优化；只有 $f(x)$ 和 $h(x)$，称为有等式约束优化；$f(x)$ 和 $h(x)$、$g(x)$ 都有，称为有不等式约束优化。

那么目标函数到底是什么呢？

提出一个机器学习问题以后，肯定会有一个真实模型可以解决它，但是我们并不知道这个真实模型是什么（如果能知道的话，那就不用学习了，直接用这个模型就可以了），那么就要设计一个模型来代替真实模型（假设 $h = f(x)$ 为你设计的模型，$y = R(x)$ 为真实模型，$x = \{x_1,\cdots,x_N\}$ 为整个模型的输入），那么怎么才能说你设计的这个模型很好呢？很简单，你设计的模型和真实模型的误差越小，那就说明你的模型越好。误差通常使用损失函数来表示，常用的损失函数有以下几种

平方损失：$L(y,f(x))=(f(x)-y)^2$

绝对损失：$L(y,f(x))=\left|f(x)-y\right|$

合页损失：$L(y,f(x))=\max(0,1-y\cdot f(x))$

似然损失：$L(y,f(x))=-\log P(y\mid x)$

合页损失一般会要求 $f(x)$ 取值范围是 $[-1，1]$，y 取值是 -1 或 1。似然损失的最小化，就是求 $\log P(y \mid x)$ 的最大化，这就是后面专门要介绍的最大似然估计。

而损失函数（误差）的期望，称为期望风险。学习的目标就是使期望风险最小，即（M 为样本数）

$$\min \frac{1}{M}\sum_{i=1}^{M}\mathrm{L}(y^i, f(x^i,\theta))$$

前面不是说真实模型是不知道的吗？那么它们的期望风险自然也没法计算了，怎么最小化这个期望风险啊？期望风险是指你设计的模型和真实

模型的期望误差，不知道真实模型自然求不出来期望风险了；虽然我们不知道真实模型 $y = R(x)$ 是什么，但是如果我们知道所有的输入 x 和它对应的输出 y 的话，那么我们也没必要知道这个模型 R 是什么了，因为你给任何一个输入 x，我都可以计算一个最优的 y（显然这不可能成立，能成立的话，也没必要求模型了）。那我们找一些输入 x'（它肯定是 x 的子集），然后用人工的笨办法把 x' 的所有最优 y' 算出来（$D = \{x', y'\}$ 称为样本对），这样，我们在计算期望风险的时候，用计算好的 y' 直接替代真实模型 $y = R(x)$ 就可以了。用这种方法计算出来的风险就是经验风险，根据大数定理，当样本对趋于无穷大时，经验风险也就越接近期望风险。所以，我们就可以用**经验风险最小化**来估计期望风险。

但是，我们的样本对有限，这就导致经验风险估计期望风险并不理想，会产生过拟合现象。过拟合现象就是你把样本数据拟合的太完美，也可以说是模型复杂度很高，然而到未知数据中却拟合的很差（这种对未知数据的预测能力叫做泛化能力）；相反，欠拟合现象就是在样本数据上拟合的不好，在未知数据上也拟合得不好。所以，为了尽可能避免过拟合现象的出现，就要对模型的复杂度进行惩罚，这就是正则化，这是很常用的方法，其实就是对模型的参数进行惩罚。这样，就相当于目标函数变成了

$$\min \frac{1}{M} \sum_{i=1}^{M} L(y^i, f(x^i, \theta)) + \gamma J(f)$$

这也叫**结构风险最小化**。正则化公式可以有很多种，常用的是：L_0 范数、L_1 范数、L_2 范数。L_0 范数就是求解非零元素的个数，L_1 范数和 L_2 范数分别如下定义

$$J(f) = \|\theta\|_1 = \sum_{i=1}^{N} |\theta_i|$$

$$J(f) = \|\theta\|_2 = \frac{1}{2} \sum_{i=1}^{N} \theta_i^2$$

可以看到，L_1 范数更倾向产生稀疏特征，而 L_2 范数更容易避免过拟合。

读者可以仔细想想为什么。

现在还有个问题，对于一个优化问题，我的模型可以有好多种选择，最简单的如 $f(x,\theta)$ 中 θ 选的不同，那么最终结果就不同，如何确定一个好的模型呢？那就需要交叉验证。

交叉验证就是随机的把样本数据分成训练集和验证集。首先在训练集中训练出各种模型 $f_1(x,\theta), f_2(x,\theta),\cdots$，然后在验证集上评价各个模型的误差，选出一个误差最小的模型就是好的模型。在这儿，就要解释两个概念：偏差和方差。偏差是衡量单个模型的误差，例如，$f_1(x,\theta)$ 这个模型的偏差就可以用 $L_1=(f_1(x,\theta)-y)^2$ 来表示，$f_2(x,\theta)$ 这个模型的偏差可以用 $L_2=(f_2(x,\theta)-y)^2$ 来表示。所以偏差是衡量单个模型自身的好坏，它并不管别的模型怎么样；而方差是用来比较多个模型，它并不管自己这个模型和真实模型的误差多大，而是从别的模型来衡量自己的好坏，也就是它认为所有模型的平均值，就可以代表真实模型（这也有个潜在假设：大多数情况是正常无噪声的，否则平均值也代表不了真实模型），那么它和这个平均值比较就可以了，例如，$f_1(x,\theta)$ 这个模型的方差就可以用 $\left(f_1(x,\theta)-(L_1+L_2)/2\right)^2$ 来表示。从这儿，我们就可以得出一些结论，一个模型越复杂，偏差就越小，方差就越大；相反，一个模型越简单，偏差就越大，方差就越小，如图 2.1 所示。这两个概念就是一个博弈的过程，最好的模型就是偏差和方差之和最优的模型。

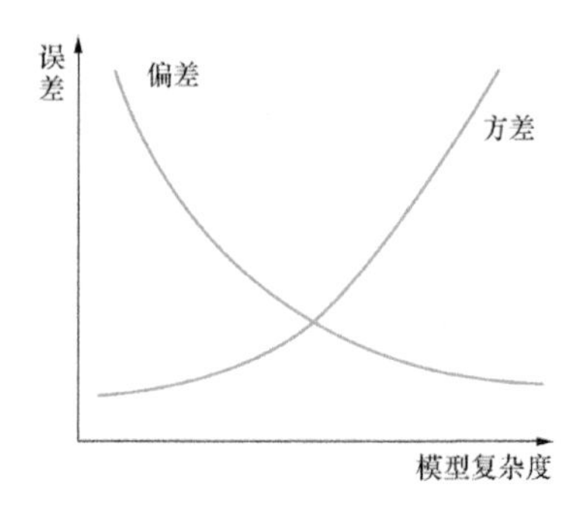

图2.1

你需要根据实际问题设计一个模型，设计出它的目标函数，然后可以根据交叉验证选个最好的模型（如果你的数据较好，这步有时可以省略）。这就是求最优化模型的过程。

2.2 最大似然估计/最大后验估计

从前面的讲解中可以看出，对一个最优化问题，我们首先要选定模型 $h = f(x,\theta)$，但是这个模型 h 会有无穷多个选择，到底要选哪个呢？如果你现在要急用钱，那你首先想到的是找家人或者朋友去借钱，总不能找美国总统去借吧；同样，选模型也是优先选择我们熟悉的模型，例如，线性模型、高斯模型等。因为这些模型我们已经研究得很透彻了，只需根据样本数据代入公式就可以求解出它们的参数 θ，这就是参数估计；如果对一无所知的模型估计参数，那就是非参数估计。

参数估计也有很多种方法，最常用的就是最小二乘法、最大似然估计和贝叶斯估计等。

最大似然估计和贝叶斯估计分别代表了频率派和贝叶斯派的观点。频率派认为，参数是客观存在的，只是未知而已，因此，频率派最关心最大似然函数，只要参数求出来了，给定自变量 x，它的结果 y 也就知道了。假设我们观察的变量是 x，观察的变量取值（样本）为 $x = \{x_1,\cdots,x_N\}$，要估计的模型参数是 θ，x 的分布函数是 $p(x \mid \theta)$。那么最大似然函数就是 θ 的一个估计值，它使得事件发生的可能性最大，即

$$\theta_{\text{MLE}} = \text{argmax}_\theta\, p(x|\theta)$$

通常，我们认为 x 是独立同分布的，即有

$$p(x \mid \theta) = \prod_{i=1}^{N} p(x_i \mid \theta)$$

由于连乘会可能造成浮点下溢，所以通常就最大化对数形式，也就是

$$\theta_{\text{MLE}} = \text{argmax}_\theta \left\{ \sum_{i=1}^{N} \log p(x_i \mid \theta) \right\}$$

所以最大似然估计的一般求解流程就是：

（1）写出似然函数：$\mathcal{L}(\theta)=p(x|\theta)=\prod_{i=1}^{N}p(x_i\mid\theta)$；

（2）对似然函数取log：$\mathrm{L}(\theta)=\log\mathcal{L}(\theta)=\sum_{i=1}^{N}\log p(x_i\mid\theta)$；

（3）求$\mathrm{argmin}_\theta \mathrm{L}(\theta)$（或者$\mathrm{argmin}_\theta(-\mathrm{L}(\theta))$）：求解方法见下一节。

最大似然估计中 θ 是一个固定的值，只要这个 θ 能很好地拟合样本 x 就是好的，前面说了，它拟合样本数据很好，不一定拟合未知数据就很好（过拟合现象）。所以用频率派的理论可以得出很多扭曲事实的结论，例如，只要我没看到过飞机相撞，那么飞机永远就不可能相撞。这时，贝叶斯学派就开始说了，参数 θ 也应该是随机变量（$p(\theta)$），和一般随机变量没有本质区别，它也有概率（θ 取不同值的概率），也就是说，尽管我没看到飞机相撞，但是飞机还是有一定概率可能相撞。正是因为参数不能固定，当给定一个输入 x 后，我们不能用一个确定的 y 表示输出结果，必须用一个概率的方式表达出来。所以，我们希望知道所有 θ 在获得观察数据 x 后的分布情况，也就是后验概率 $p(\theta\mid x)$，根据贝叶斯公式有

$$p(\theta|x)=\frac{p(x|\theta)p(\theta)}{p(x)}=\frac{p(x|\theta)p(\theta)}{\int p(x|\theta)p(\theta)\mathrm{d}\theta}$$

可惜的是，上面的后验概率通常是很难计算的，因为要对所有的参数进行积分，而且，这个积分其实就是所有 θ 的后验概率的汇总，其实它是与最优 θ 是无关的，而我们只关心最优 θ。在这种情况下，我们采用了一种近似的方法求后验概率，这就是最大后验估计

$$\theta_{\mathrm{MAP}}=\mathrm{argmax}_\theta\, p(\theta|x)=\mathrm{argmax}_\theta\, p(x|\theta)p(\theta)$$

最大后验估计相比最大似然估计，只是多了一项先验概率，它正好体现了贝叶斯认为参数也是随机变量的观点，在实际运算中，通常通过超参数给出先验分布。**最大似然估计其实是经验风险最小化的一个例子，而最大后验估计是结构风险最小化的一个例子**。如果样本数据足够大，最大后

验概率和最大似然估计趋向于一致，如果样本数据为0，最大后验就仅由先验概率决定，就像推荐系统中对于一个毫无历史数据的用户，只能先给他推荐热门（先验概率高）的内容了。尽管最大后验估计看着要比最大似然估计完善，但是由于最大似然估计简单，很多方法还是使用最大似然估计，也就是说，频率派和贝叶斯派谁也没把谁取代掉。

搞懂了最大似然估计和最大后验估计，那么我们顺带说下最小二乘估计。对于最小二乘法估计，当从模型总体随机抽取 M 组样本观测值后，最合理的参数估计值应该是使得模型能最好地拟合样本数据，也就是估计值和观测值之差的平方和最小。而对于最大似然估计，当从模型总体随机抽取 M 组样本观测值后，最合理的参数估计值应该使得从模型中抽取该 M 组样本观测值的概率最大。显然，这是从不同原理出发的两种参数估计方法。而且，最小二乘估计有个假设：模型服从高斯分布。

现在我们已经知道如何构造最优化问题的目标函数了，并且了解了进行参数估计的一些方法，剩下的问题就是如何具体地求解参数了。

2.3 梯度下降法

大多数最优化问题（凸规划）是有全局最优解的（参见图2.2左图），而有的最优化问题只有局部最优解，当然局部最优解有可能就是全局最优解，但是不容易使得得到的局部最优解就正好是全局最优解（参见图2.2右图）。求解最优化问题，本质上就是怎么向最优解靠近，达到某个条件（收敛）就停止。

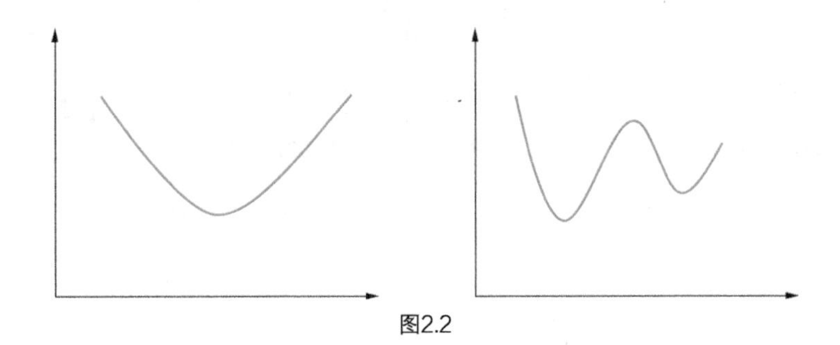

图2.2

有的最优化问题有解析解，可以直接求解，那么怎么求解呢？直接对其求导数，然后令导数为零，就可以解出候选最优解了。

有的最优化问题没有解析解，只能通过一些启发式算法（遗传算法、模拟退火算法等）或者数值计算的方法来求解。对于无约束优化问题，常用的算法大概有梯度下降法、牛顿法 / 拟牛顿法、共轭梯度法等（这些方法使用导数，还有些算法是不使用导数的）。而对于有约束优化问题，大多是通过拉格朗日乘子法转换成无约束问题来求解。

本节就以线性回归模型来看下梯度下降法（也叫批量梯度下降法）到底是怎么回事？假设有如下表示的线性函数

$$f(x,\theta)=\theta_0+\theta_1x_1+\theta_2x_2+\ldots=\sum_{i=0}^{N}\theta_i x_i=\theta^{\mathrm{T}}x$$

如果它的损失函数使用平方损失函数，则有（没有正则化）：

$$L(\theta)=\frac{1}{2M}\sum_{j=1}^{M}(f(x^j,\theta)-y^j)^2(M\text{为样本数})$$

梯度下降法指出，**函数 f 在某点 x 沿着梯度相反的方向下降最快**，也就是说我从某点 x 出发，沿着梯度相反的方向移动，就可以找到最优解（使得损失函数最小）了。梯度是什么呢？在这儿就是导数。所以它的每一步的迭代公式就是

$$\begin{aligned}\theta_i&=\theta_i+\alpha\left(-\frac{\partial}{\partial\theta_i}\mathrm{L}(\theta)\right)\\&=\theta_i-\alpha\frac{\partial}{\partial\theta_i}\mathrm{L}(\theta)\end{aligned}$$

其中 α 是个定值，就是学习速度，控制每步移动的幅度。

相反，如果求损失函数最大化的话，就是梯度上升法

$$\theta_i=\theta_i+\alpha\frac{\partial}{\partial\theta_i}\mathrm{L}(\theta)$$

又有

$$-\frac{\partial}{\partial\theta_i}\mathrm{L}(\theta)=\frac{1}{M}\sum_{j=1}^{M}(y^j-f(x^j,\theta))x_i^j$$

所以最终的迭代公式就是

$$\theta_i=\theta_i+\alpha\frac{1}{M}\sum_{j=1}^{M}(y^j-f(x^j,\theta))x_i^j$$

梯度下降法的流程就是

while（直到收敛）：

$$\theta_i=\theta_i+\alpha\frac{1}{M}\sum_{j=1}^{M}(y^j-f(x^j,\theta))x_i^j\,(i=0,\cdots,N)$$

这就是梯度下降法的迭代流程，首先任意选定一个 θ，然后使用公式迭代，一直到收敛（θ 的变化小于一个阈值）停止，就解出了参数 θ。

可以看出，公式中有个求和计算，也就是每次迭代都需要计算全部样本，所以当样本 M 很大时，计算代价很大，那么就需要考虑个好的办法减少计算，这就是随机梯度下降法（Stochastic Gradient Descent，SGD）。

随机梯度下降法并不计算梯度的精确值，而是计算一个估计值，也就是每次迭代都是基于一个样本，迭代流程就成为

for j=1 to M：

$$\theta_i=\theta_i+\alpha(y^j-f(x^j,\theta))x_i^j\,(i=0,\cdots,N)$$

这个公式有什么好处呢？它可以并行计算，因为样本之间是无关的。所以当样本特别大时，可以使用随机梯度下降法，它的缺点是通常找到的最小值是最优解的近似值。梯度下降法收敛太慢了，尤其接近最优解的时候，因此在样本规模很大时，经常使用一些优化算法，如 LBFGS（《On The Limited Memory BFGS Method for Large Scale Optimization》）等来训练。

当然，通常使用一种介于梯度下降法和随机梯度下降法之间的方法，叫 mini-batch 梯度下降法。它的思想是，每次使用 b 个样本（$b<M$）来更

新梯度，流程如下

for k=1 to M/b：

$$\theta_i = \theta_i + \alpha \frac{1}{b} \sum_{j=bk-b+1}^{bk} (y^j - f(x^j, \theta)) x_i{}^j \ (i = 0, \cdots, N)$$

在这儿要记住两个观点：（1）要想得到最优解就要付出更大的代价。就像生活中，吊儿郎当的人活得会比较轻松，因为他做事不需要最优化；谨慎细致的人就活得比较累，每件事情都要做到最好，不同性格的人有不同的生活态度，没有对错。（2）好多问题没有最优解或者无法求出最优解，那么就要用近似的方法来求解出近似最优解。生活中好多事情压根没办法做到十全十美，所以我们只能尽自己最大努力达到尽可能好。

梯度下降法是最简单且很好理解的一个算法，理解了这个算法，学习其他求解算法（牛顿法 / 拟牛顿法、共轭梯度法、LBFGS 等）就较容易了。

对于无约束优化问题，我们已经知道一些求解算法了，那么还有两类问题：等式约束优化问题和不等式约束优化问题。

对于等式约束优化问题

$$\begin{aligned} \min \quad & f(x) \\ \text{s.t.} \quad & h(x) = 0 \end{aligned}$$

写出它的拉格朗日乘子法

$$\mathrm{L}(x, \alpha) = f(x) + \alpha h(x)$$

这样就可以使用无约束优化问题的所有求解方法来求解参数了，只不过参数是 x 和 α 了。

对于不等式约束优化问题

$$\begin{aligned} \min \quad & f(x) \\ \text{s.t.} \quad & h(x) = 0 \\ & g(x) \leqslant 0 \end{aligned}$$

写出它的拉格朗日乘子法

$$L(x,\alpha,\beta)=f(x)+\alpha h(x)+\beta g(x) \quad (\beta \geqslant 0)$$

但是上式要想有和原不等式约束优化问题一样的最优解，必须满足KKT条件：（1）$L(x,\alpha,\beta)$ 分别对 x 求导为零；（2）$\beta g(x)=0$；（3）$g(x)\leqslant 0$；（4）$\beta \geqslant 0$，$\alpha \neq 0$；（5）$h(x)=0$。KKT条件是使一组解成为最优解的必要条件。

对于有约束优化问题，当原问题不太好解决的时候，可以利用拉格朗日乘子法得到其对偶问题，满足强对偶性条件时，它们的解是一致的。那么什么是对偶问题呢？还是以上述不等式约束问题为例说明，写出它的拉格朗日函数

$$L(x,\alpha,\beta)=f(x)+\alpha h(x)+\beta g(x) \quad (\beta \geqslant 0)$$

然后定义一个函数 $\theta_p(x)=\max_{\alpha,\beta,\beta\geqslant 0}L(x,\alpha,\beta)$

这个函数是 α、β 的函数，如果 x 违反原始问题的约束条件，即 $h(x)\neq 0$ 或者 $g(x)>0$，那么我们总是可以调整 α 和 $\beta \geqslant 0$ 来使得 $\theta_p(x)$ 有最大值为正无穷，而只有 $h(x)$ 和 $g(x)$ 都满足约束时，$\theta_p(x)$ 为 $f(x)$，也就是说 $\theta_p(x)$ 的取值是 $f(x)$ 或者 $\propto$。所以 $\min f(x)$ 就转为求 $\min_x\theta_p(x)$ 了，

即 $\min_x\theta_p(x)=\min_x\max_{\alpha,\beta,\beta\geqslant 0}L(x,\alpha,\beta)$（它的最优解记为 p^*）。

再定义一个函数 $\theta_d(\alpha,\beta)=\min_x L(x,\alpha,\beta)$，则有 $\max_{\alpha,\beta,\beta\geqslant 0}\theta_d(\alpha,\beta)=\max_{\alpha,\beta,\beta\geqslant 0}\min_x L(x,\alpha,\beta)$（它的最优解记为 d^*）。

$\theta_p(x)$ 和 $\theta_d(x)$ 互为对偶问题。可以证明，$d^*\leqslant p^*$，如果满足强对偶性——目标函数和所有不等式约束函数是凸函数，等式约束函数是仿射函数（形如 $y=w^tx+b$），且所有不等式约束都是严格的约束，那么 $d^*=p^*$，就是说原问题和对偶问题的解一致。

对偶原理告诉我们，如果 $\min f(x)=\min_x\max_{\alpha,\beta,\beta\geqslant 0}L(x,\alpha,\beta)$ 不好求解，那么就求解 $\max_{\alpha,\beta,\beta\geqslant 0}\min_x L(x,\alpha,\beta)$，后面我们可以看到它的应用。

总结一下，最优化问题其实很简单，首先需要一个模型：目标函数和约束函数（函数中的变量通常就是特征，下一章会解释）。不同的问题会对应不同的模型，需要自己设计。设计的时候一定要考虑目标函数是否是

凸函数，是否可微分（如果不是的话，给求解参数会带来困难）。然后再把该模型的参数求解出来即可。

2.4 问题与思考

1. 模型为什么会过拟合以及如何解决？
2. L1 正则和 L2 正则的区别是什么？
3. 什么是偏差和方差？
4. 梯度下降法还能如何优化？
5. 什么是凸函数？
6. 如何解决训练样本不平衡问题？

第3章 让机器可以像人一样学习

在讲机器学习（Machine Learning）之前，我们先要理解3个概念：训练样本、特征和模型。它们就是机器学习的核心，模型就是第2章讲解过的最优化问题。

3.1 何谓机器学习

我们首先看看人类大致是如何学习的。

小明（万能主角出场）在校园里看到两排东西（一排如图3.1所示，一排如图3.2所示），但他不认识它们是什么，于是他就去问老师。老师瞥了一眼就说：左边的是汽车；右边的是摩托车。

小明仔细观察了下，左边这个叫汽车的比较大，而且有4个轮子；右边叫摩托车的比较小，而且只有两个轮子。于是小明的大脑中就形成了这么一个概念（模型一）。

if（大，而且有四个轮子）then 它是汽车

if（小，而且有两个轮子）then 它是摩托车

图3.1　　图3.2

太好了！小明学会了如何区分汽车和摩托车，然后高高兴兴地回家了，但是在路上，他见到了如图 3.3 所示的东西，根据他之前学到的知识，它应该就是摩托车，于是他就说："这是个摩托车。"路人甲听到了，说："小朋友，这不是摩托车，这是自行车。"

图3.3

小明很沮丧，但是他没有放弃。他回家仔细想了想：如果我有更多可参考的汽车和摩托车的样例，然后提取出它们更多的特点，那么我一定能区分得很好。没错！于是小明总结了更多的不同点，最后他大脑中就形成了另一个概念（模型二）。

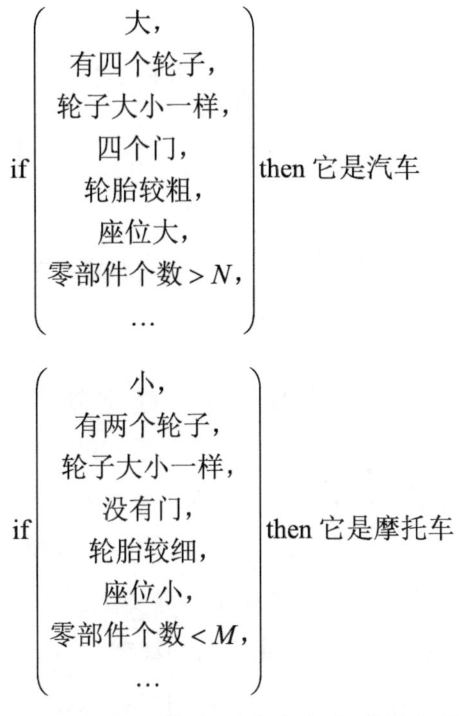

if（大，有四个轮子，轮子大小一样，四个门，轮胎较粗，座位大，零部件个数 $>N$，…）then 它是汽车

if（小，有两个轮子，轮子大小一样，没有门，轮胎较细，座位小，零部件个数 $<M$，…）then 它是摩托车

小明想通了以后，觉得这下他会区分汽车和摩托车了吧！结果有一天他见到了如图 3.4 所示的东西。这货前后轮胎大小不一样？前面还有个豹子头？不满足摩托车条件啊？小明迷茫了！

图3.4

于是小明跑去问他爸爸，他爸爸说，你上面那些条件限制得太死板了，有些条件是可有可无的（说白了这些条件需要惩罚），我告诉你一个较好的区分方法吧（模型三）。

$$\text{if}\left(\begin{array}{c}\text{大，}\\ \text{有至少四个轮子，}\\ \text{使用汽油，}\\ \text{其他不重要}\end{array}\right)\text{then它是汽车}$$

$$\text{if}\left(\begin{array}{c}\text{小，}\\ \text{有两个轮子，}\\ \text{使用汽油，}\\ \text{其他不重要}\end{array}\right)\text{then它是摩托车}$$

小明想了想，这个方法比他前两个方法都好（当然还不是最好的），以后就这样区分汽车和摩托车了。小明学会了如何区分汽车和摩托车。

前面说过一句话“科学抽象于生活，科学服务于生活”，所以，机器学习的过程其实就是模拟人学习的过程（当然，人比机器更智能，机器智能还远达不到人的程度）。从这个例子中可以看出，“小”“有两个轮子”“使用汽油”等就叫**特征**，那个 if、then 就叫**模型**。小明的模型很简单，各个特征都满足才可以。图 3.1 和图 3.2 就是**训练样本**（或叫训练数据，图 3.2 下方的自行车可以理解为一个噪声数据。一般来说，难免会有噪声数据），小明的模型一很简单，既没有把训练样本分得很好，也没有把新的测试样本分得很好，这就是欠拟合现象；模型二很复杂，虽然把训练样本区分得很好，但是对新的测试样本（图 3.4）不能很好地区分，这就是过拟合现象；模型三是较理想的一个模型。

这就是机器学习，它的核心就是特征、模型和训练样本（标注数据或未标注数据）。线下训练模型的时候，首先要对训练样本抽取特征，然后训练出一个机器学习模型（模型的结构和参数）来，线上预测的时候也是提取特征，然后用训练好的模型预测输出值，如图 3.5 所示。前面说了，训练样本趋于无穷多时，模型训练得虽好，但是现实中拿到更多的训练样本代价太大，再加上特征表示和模型本身都不会是最优的，所以机器学习一般得到的都是近似解，就像小明利用模型三也会有区分不出来摩托车一样，也就是说，机器学习只能解决大部分情况，而总会有些个例解决不了。

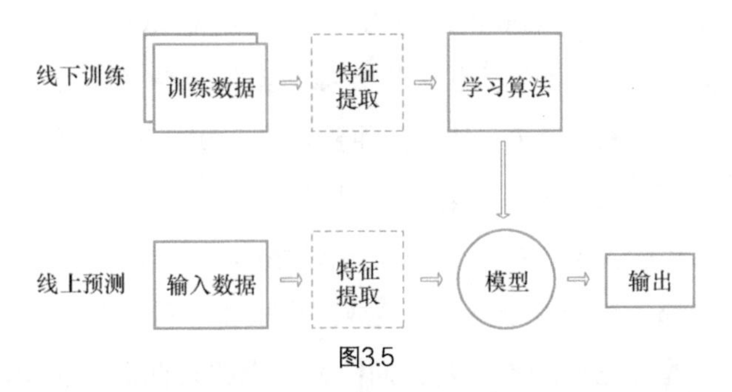

图3.5

可以看出，不同的机器学习任务需要不同的特征和模型，有的问题模型是可以通用的（比如分类问题），但是特征却不能通用，需要根据不同的问题来选取。如果特征也是由机器学习出来的那该有多好，所以深度学习的一个目标就是能自动学习出特征来（针对某些单一任务），而不用再专门提取特征。我们后面会讲到深度学习。

那么怎么设计特征呢，在这儿就不得不简单介绍下**特征工程**，刚才说了机器学习中特征是核心之一，所以特征工程就很重要了。可惜的是，这并没有一个统一的标准或者规范，而是与完成的任务有很大关系。特征工程大致有这么几个步骤：

（1）**特征选取**。选取哪些信息作为特征？一般都是选取最有用、最能区分样本的特征，并不是特征越多越好，特征过多会导致稀疏性更严重。

（2）**特征离散化**。离散化的目的是为了特征在区间上有更好的区分性，比如，年龄如果表示成一个维度的话，20 岁的人和 30 岁的人就会相差很大（公式中 $w \cdot x$），事实并不是这样，20 岁男人和 30 岁男人的兴趣差异不应该这么大，所以就要对年龄这个特征离散化，比如把年龄段按 1 岁为单位映射成一个 One-hot 向量。

（3）**特征交叉**。一维特征有时候会很奇怪，比如性别，它会使得同一性别的人其他属性都一样，但事实上男性对化妆品关注度并没有女性大，所以性别和商品组合起来更有意义。

（4）**特征修正**。这个更多是为了平滑，比如一个广告展示了 100 次而点击了 2 次和展示了 10000 次而点击了 200 次，CTR 都是 2%，但是背后的意义却不同，不做平滑就无法区分出来。当然，这些都是人工提取出来的特征，还可以引入机器特征（比如后面要讲的 GBDT 和深度学习向量）。

当训练出模型后，对一个输入，提取同样的特征，然后使用模型来进行预测，而这个模型 $y=f(x)$ 一般就是条件概率分布 $p(y\mid x)$。

监督学习通常分为两个模型：生成式模型和判别式模型。

判别式模型（它的概率图是无向图）是求解条件概率的 $p(y\mid x)$，然后直接进行预测，例如，逻辑回归、SVM、神经网络、CRF 都是判别式模型，所以判别式模型求解的是条件概率。

生成式模型（它的概率图是有向图）首先求解两个概率 $p(x\mid y)$ 和 $p(y)$，然后根据贝叶斯法则求出后验概率 $p(y\mid x)$，再进行预测。例如，朴素贝叶斯、HMM、贝叶斯网络、LDA 都是生成模型，又因为 $p(x,y)=p(x\mid y)\cdot p(y)$，所以生成式模型求解的是联合概率。

举例来说，假如观察到一只狮子，要判断是美洲狮还是非洲狮？按照判别式模型的思路，我们首先需要有一定的资料，机器学习上称为训练集。然后，通过过去观察到的狮子的特征可以得到一个预测函数，之后把我们当前观察的狮子的一些特征提取出来，输入到预测函数中，得到一个值，就知道它是什么狮子了。而对于生成式模型，我们先从所有美洲狮的特征中学习得到美洲狮的模型，同样得到非洲狮的模型，然后提取当前观察的狮子的特征，放到两个模型中，看哪个概率更大，就是什么狮子，这就是生成式模型。可以看出，判别式模型只需要关注类的边界就可以了，并不需要知道每一类到底是什么分布，这样它只需要有限样本就可以确定；而生成式模型要得到每类的具体分布，然后根据每个分布去判断类别，它的训练集自然需要无限样本，学习复杂度也高。造成两个模型样本空间不同的原因在于计算条件概率的时候我们已经“知道”了一部分信息，这部分已经知道的信息缩小了可能取值的范围，即缩小了它的样本空间。

由生成式模型可以得到判式别模型，但由判别式模型得不到生成式模型。

接下来就讲解具体的机器学习算法。在这儿要提醒一下，几乎每个机器学习模型都有假设，所以具体的应用场景或者数据应该尽可能接近所使用机器学习模型的假设。

3.2 逻辑回归/因子分解机

现在我有个分类任务要做：判断一封邮件是否为垃圾邮件。什么是垃圾邮件呢？总得有个定义吧，那我们姑且先把这类邮件归为垃圾邮件：包含有广告推广、有诈骗、有非法活动等的邮件。

我们先选用 2.3 节中的线性回归模型来完成这个任务，即$y=f(x)=\theta^{\mathrm{T}}x$，$x$ 为特征向量（例如，x_1 表示出现广告词的次数，x_2 表示是否含有电话号码，x_3 表示是否含有网址链接，等等）；y 为分类结果，$y=1$ 表示为垃圾邮件，$y=0$ 表示为非垃圾邮件。那么对于这个二分类问题就可以设置个阈值来判断：

$$y=\begin{cases}1, & 若\theta^{\mathrm{T}}x \geqslant 0.5\\ 0, & 若\theta^{\mathrm{T}}x < 0.5\end{cases}$$

但是，随着特征向量 x 的变化，线性回归的输出 y 的取值范围可以是任何数值，如果要使我们上面设定阈值的分类方法有效，必须将线性回归的输出值映射到一个固定的范围，这就需要请出逻辑回归（Logistic Regression）。

逻辑回归在线性回归的输出 y 上引入了一个函数 $g(z)$：

$$g(z)=\frac{1}{1+\mathrm{e}^{-z}}$$

该函数（称为 sigmoid 函数）的作用就是可以把某个值映射到（0，1）区间，它的曲线图大致如图 3.6 所示。

这样，整个逻辑回归公式就为

$$h_{\theta}(x)=g(\theta^{\mathrm{T}}x)=\frac{1}{1+\mathrm{e}^{-\theta^{\mathrm{T}}x}}$$

好了，现在**特征向量** x 有了，**模型** $h_{\theta}(x)$ 也有了，**训练数据**也很容易得到，请人标注一批数据即可，那剩下的问题就是如何求解模型的参数 θ。

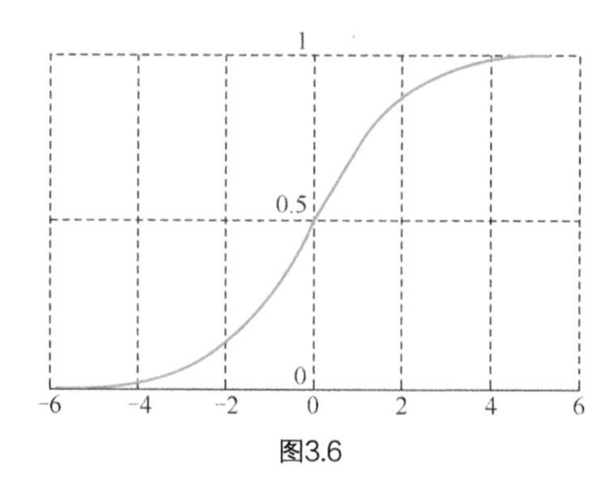

图3.6

如果我们选用和线性回归模型一样的平方损失作为目标函数（没有正则化），即

$$L(\theta)=\frac{1}{2M}\sum_{j=1}^{M}(h_\theta(x^j)-y^j)^2 \text{（}M\text{为样本数）}$$

那么就会有个问题，由于 $h_\theta(x)$ 是 sigmoid 函数，导致目标函数不是凸函数（如图 3.7 所示），那么就没有最优解，所以我们就需要做些工作使得目标函数是凸函数。

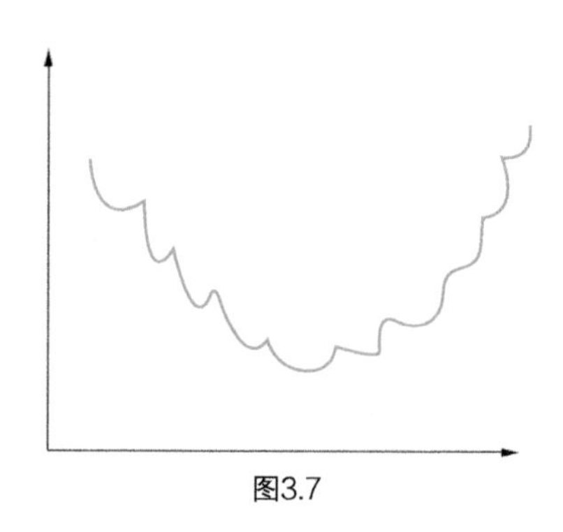

图3.7

对于二分类问题，假设

$$p(y=1|x,\theta)=h_\theta(x)$$

那么

$$p(y=0|x,\theta)=1-h_\theta(x)$$

根据这两个概率，可以写出概率分布（二项分布）为

$$p(y \mid x,\theta) = (h_\theta(x))^y (1-h_\theta(x))^{1-y}$$

这时就可以写出似然函数了

$$\begin{aligned}\mathcal{L}(\theta) &= p(Y|X,\theta) \\ &= \prod_{j=1}^{M} p(y^j \mid x^j,\theta) \\ &= \prod_{j=1}^{M} (h_\theta(x^j))^{y^j} (1-h_\theta(x^j))^{1-y^j}\end{aligned}$$

然后就可以使用最大似然估计来求解了（也可以取负数求最小）。

（1）似然函数取 log（为和前面统一，乘了一个 $1/M$）

$$L(\theta) = \log\mathcal{L}(\theta) = \frac{1}{M}\sum_{j=1}^{M} y^j \log(h_\theta(x^j)) + (1-y^j)\log(1-h_\theta(x^j))$$

（2）对 $L(\theta)$ 求导

$$\frac{\partial}{\partial\theta_i}L(\theta) = \frac{1}{M}\sum_{j=1}^{M}\left(y^j\frac{1}{g(\theta^{\mathrm{T}}x^j)} - (1-y^j)\frac{1}{1-g(\theta^{\mathrm{T}}x^j)}\right)\frac{\partial}{\partial\theta_i}g(\theta^{\mathrm{T}}x^j) =$$

$$\frac{1}{M}\sum_{j=1}^{M}\left(y^j\frac{1}{g(\theta^{\mathrm{T}}x^j)} - (1-y^j)\frac{1}{1-g(\theta^{\mathrm{T}}x^j)}\right)g(\theta^{\mathrm{T}}x^j)(1-g(\theta^{\mathrm{T}}x^j))\frac{\partial}{\partial\theta_i}\theta^{\mathrm{T}}x^j =$$

$$\frac{1}{M}\sum_{j=1}^{M}(y^j(1-g(\theta^{\mathrm{T}}x^j)) - (1-y^j)g(\theta^{\mathrm{T}}x^j))x_i^j =$$

$$\frac{1}{M}\sum_{j=1}^{M}(y^j - h_\theta(x^j))x_i^j$$

这里用了一个推导公式：$g'(z) = g(z)(1-g(z))$。

（3）最后的迭代公式是（最大化，梯度上升法）

$$\theta_i = \theta_i + \alpha\frac{1}{M}\sum_{j=1}^{M}(y^j - h_\theta(x^j))x_i^j$$

看到了吗，它的迭代公式形式是不和前面线性回归模型的梯度下降法的迭代公式一样呢（除了 $h_\theta(x)$ 不同）？所以逻辑回归的求解速度也是很快

的。这样就完成了这个垃圾邮件判断的任务了。

上面的求解假设是二类问题，如果是多类问题怎么办呢？假设有 k 个类别，即 $y^j \epsilon \{1,2,..,k\}$，也就是我们希望输出每个类别下的概率，一般多分类使用的函数是 softmax 函数，即

$$p(y=c \mid x,\theta_c) = h_{\theta_c}(x) = s(\theta_c{}^{\mathrm{T}} x) = \frac{\mathrm{e}^{-\theta_c{}^{\mathrm{T}}\boldsymbol{x}}}{\sum_{i=1..k} \mathrm{e}^{-\theta_i{}^{\mathrm{T}}\boldsymbol{x}}}$$

写出似然函数

$$\begin{aligned}\mathcal{L}(\theta) &= p(Y \mid X,\theta) \\ &= \frac{1}{M}\prod_{j=1}^{M}\prod_{l=1}^{k} p(y^j = l \mid x^j,\theta_l)^{[y^j=l]}\end{aligned}$$

对该似然函数取 log

$$L(\theta) = \log\mathcal{L}(\theta) = \frac{1}{M}\sum_{j=1}^{M}\sum_{l=1}^{k}[y^j = l]\log p(y^j = l \mid x^j,\theta_l)$$

其中 [*] 表示 * 满足则为 1，否则为 0。

然后对 $L(\theta)$ 求导

$$\begin{aligned}\frac{\partial}{\partial\theta_{l,i}}L(\theta) &= \frac{\partial \mathrm{L}(\theta)}{\partial p}\frac{\partial p}{\partial\theta_{l,i}{}^{\mathrm{T}}\boldsymbol{x}}\frac{\partial\theta_{l,i}{}^{\mathrm{T}}\boldsymbol{x}}{\partial\theta_{l,i}} \text{（推导省略）} \\ &= \frac{1}{M}\sum_{j=1}^{M}\{([y^j = l] - p(y^j = l \mid x^j,\theta_l)) \times x_i{}^j\} \\ &= \frac{1}{M}\sum_{j=1}^{M}\{([y^j = l] - h_{\theta_l}(x^j)) \times x_i{}^j\}\end{aligned}$$

这样就可以使用梯度上升法迭代训练了，其实逻辑回归是 Softmax 回归的特例，即 $k=2$ 的情况。

逻辑回归的特征之间是独立的，但是在很多任务中，特征之间是有关联的，比如广告中，“女性”用户和“化妆品”商品有关联，所以需要模型能表征这种特性

$$y(x)=w_0+\sum_{i=1}^{n}w_ix_i+\sum_{i=1}^{n}\sum_{j=i+1}^{n}w_{ij}x_ix_j$$

这个模型的组合特征参数有 $n(n+1)/2$ 个，任意两个参数都是独立的，然而这个模型比较难训练，因为样本比较稀疏的情况下，同时满足 x_i 和 x_j 非零的情况很少，导致 w_{ij} 训练得不准确。因子分解机（Factorization Machines）根据矩阵分解的思路提出了一种解决方案，所有参数 w_{ij} 可以组成一个对称矩阵 $\boldsymbol{W}$，$\boldsymbol{W}=\boldsymbol{V}^{\mathrm{T}}\boldsymbol{V}$，$\boldsymbol{V}$ 的第 j 列便是第 j 维特征的隐向量，也就是说 $w_{ij}=<\boldsymbol{v}_i,\boldsymbol{v}_j>$，因此，FM 的模型为：

$$y(x)=w_0+\sum_{i=1}^{n}w_ix_i+\sum_{i=1}^{n}\sum_{j=i+1}^{n}<v_i,v_j>x_ix_j$$

$\boldsymbol{v}_i$ 是第 i 维特征的隐向量，向量长度为 k（$k\ll n$），也就是说 $\boldsymbol{v}_i$ 是特征 x_i 的一个向量表示。该模型的组合特征参数减少为 kn 个，而且之间的参数不再相互独立，所有包含 x_i 的非零组合特征都可以用来学习隐向量 $\boldsymbol{v}_i$，很大程度避免了稀疏问题。模型的梯度如下（推导过程可以参考论文《Factorization Machines》）。

$$\frac{\partial}{\partial\theta}y(\boldsymbol{x})=\begin{cases}1, & \theta=w_0\\ x_i, & \theta=w_i\\ x_i\sum_{j=1}^{n}v_{j,f}x_j-v_{j,f}x_i^2, & \theta=v_{j,f}\end{cases}$$

其中，$v_{j,f}$ 是隐向量 $\boldsymbol{v}_j$ 的第 f 个元素。可以看出，FM 也是可以在线性时间训练和预测的高效模型。

那么逻辑回归和 FM 还有什么用呢？目前谷歌、百度等各大公司都使用这些模型来对广告点击率（Click-through Rate）进行预估。

搜索广告相比传统广告效果更好，就是因为它利用了用户主动的搜索意图。任何一种广告的目的一是为了赚钱，二是为了尽可能多地赚钱。简单来说，就是将流量 × 每千次展示收益（CPM）最大化，而每千次展示收益 = 展示之后被点击的概率 CTR× 一次点击的收入，那么提高 CTR 就自然会提高收入，也就是把最可能被用户点击的广告展示出来。所以要事先预估，把更可能被点击的广告尽可能地展示出来，预估点击率（pCTR）就可以使用这些模型来计算，在介绍搜索广告的时候，我们还会提到这一点。

线上系统还有一个问题就是**在线学习**（online learning），也就是实时对新来的样本进行模型参数的更新。前面讲的 SGD 就是一种方法，但是它最大的问题是很难产生真正稀疏的解，然而在大规模数据集大规模特征的情况下，稀疏性能有效地降低内存和复杂度，所以就提出了一些优化的方法，比如 Google 公司提出来的 FTRL（Follow-The- Regularized-Leader）算法，在这儿就先不展开了，读者可以细读论文《Adaptive Bound Optimization for Online Convex Optimization》《Follow-the-Regularized-Leader and Mirror Descent:Equivalence Theorems and L1 Regularization》《Ad Click Prediction:a View from The Trenches》。

3.3 最大熵模型/条件随机场

最大熵模型（Maximum Entropy Model）是我个人比较喜欢的模型之一，它背后的原理其实非常简单：当我们对一个随机变量的分布预测时，对已知条件一定要满足、对未知数据一无所知时，不要做任何主观假设，要同等对待。这时，它们的概率分布最均匀，风险就越小。概率分布最均匀就意味着信息熵最大，所以就叫最大熵模型。

如果不好理解的话，我们就举个例子来说。现在有一场很激烈的篮球比赛，比分是 81:82，而且比赛时间只剩最后 3 秒了，球权在落后的一方，庆幸的是，你就是领先这一队的教练，现在你的任务就是暂停之后防守住对方的最后一次进攻，不让他投进，否则就输球了。已知对方球队的 5 个球员（A、B、C、D、E）中，A 是超级球星，所以他进行最后一投的概率非常大；E 是个防守悍将，进攻能力很差，所以他最后一投的概率非常小，他的主要目的应该是掩护使得 A 能顺利投球；其他 3 个都是能力相当的普通球员。那么你就有很多战术来完成这次防守，其中包括下面两种方案：（1）让你们队中防守最好的球员去防守A，然后让本来防守E的球员主要去协防A（这样E几乎没人防守了），其他3个人一对一防守对方；（2）同样，让防守最好的球员去防守A，防守E的球员去协防A，剩下3个人（B、C、D）的防守同上面方案不同——让一个球员防守B，然后让防守C的球员花很大精力也去协防B，对D则是一对一防守。那么你觉得上面两个方案哪个好呢？很显然是方案（1），因为方案（2）中要对球员C减轻防守，而球员C和球员B、D的能力相当啊。如果不是A最后一投的话，C在轻防守下命中率就会增加，那么你输球的概率就自然增加了。所以对完全未知的情况不要做任何主观假设，而要平等对待，风险才能最小。

好，那我们开始看看最大熵模型是怎么回事？首先我们需要介绍几个概念，假设样本集为$D=\{X,Y\}$，X为输入，Y为输出，比如对于文本分类问题，X就为输入文本，Y就是类别号；对于词性标注问题，X就为词，Y就是词性。可以看出，在不同的问题中，输入X和输出Y比较多样化，为了模型表示方便，我们需要将输入X和输出Y表示为一些特征。对于某个(x_0,y_0)，定义特征函数

$$f(x,y)=\begin{cases}1，\text{当 } y=y_0 \text{ 且 } x=x_0\\0，\text{其他}\end{cases}$$

那么特征函数的**样本期望**就可以表示为

$$\overline{p}(f)=\sum_{x,y}\overline{p}(x,y)f(x,y)$$

而特征函数的**模型期望**表示为

$$p(f)=\sum_{x,y}p(x,y)f(x,y)=\sum_{x,y}\overline{p}(x)p(y|x)f(x,y)$$

样本期望和模型期望到底是什么东西呢？还记得之前提到的经验风险和期望风险的区别吗？样本期望和模型期望的区别也一样，样本期望是从样本数据中计算的，模型期望是从我们希望要求解的最优模型中计算的，

而且，模型期望最终简化为条件概率 $p(y|x)$，它就是我们要求解的模型，因为$\overline{p}(x)$是从样本中统计来的。根据最大似然法，数一数 x 出现的次数除以总次数就得到了，同样样本期望中的$\overline{p}(x,y)$也是数一数（x,y）同时出现的次数除以总次数就可以得到了。

机器学习就是从样本中学习到真实模型，也就是说模型期望应该尽可能地等于从数据中观察到的样本期望，这样就出现了一个约束条件：$\overline{p}(f)=p(f)$。那么目标函数是什么呢？前面说了，要使熵（条件熵）最大。

那么目标函数就是：$\text{argmax}_p \text{H}(p)=-\sum_{x,y}\overline{p}(x)p(y|x)\log p(y|x)$

所以最大熵模型就是（$p(y|x)$ 是变量）

$$\text{argmax}_p H(p)=-\sum_{x,y}\overline{p}(x)p(y|x)\log p(y|x)$$

$$\text{s.t.}\begin{cases}\forall f_i(i=1,\ldots,k)\sum_{x,y}\overline{p}(x,y)f_i(x,y)=\sum_{x,y}\overline{p}(x)p(y|x)f_i(x,y)\\ \forall x\sum_{y}p(y|x)=1\end{cases}$$

可以把最大化转换为最小化问题，即

$$\text{argmin}_p -H(p)=\sum_{x,y}\overline{p}(x)p(y|x)\log p(y|x)$$

$$\text{s.t.}\begin{cases}\forall f_i(i=1,\cdots,k)\sum_{x,y}\overline{p}(x,y)f_i(x,y)=\sum_{x,y}\overline{p}(x)p(y|x)f_i(x,y)\\ \forall x\sum_{y}p(y|x)=1\end{cases}$$

这样模型构建好了，那剩下的就是如何求解模型了。这是个等式约束优化，就可以用拉格朗日乘子法来求解，写出拉格朗日函数

$$\text{L}(p,\alpha)=-H(p)+\sum_{i=1,\cdots,k}\alpha_i\left(\sum_{x,y}\overline{p}(x,y)f_i(x,y)-\sum_{x,y}\overline{p}(x)p(y|x)f_i(x,y)\right)$$
$$+\alpha_0\left(\sum_{y}p(y|x)-1\right)$$

遗憾的是，直接对参数求导使它们等于零，没法求解出各个参数，因为参数互相耦合到一起了，所以就要尝试其他方法求解了。

还记得前面讲的对偶原理吗？原问题是

$$\min_p \max_\alpha \mathrm{L}(p,\alpha)$$

对偶问题是

$$\max_\alpha \min_p \mathrm{L}(p,\alpha)$$

由于 $\mathrm{L}(p,\alpha)$ 是凸函数，所以原始问题和对偶问题是等价的。这样我们只需要求解对偶问题，首先求解 $\min_p \mathrm{L}(p,\alpha)$。

对 p 求导，求解 $\frac{\partial}{\partial p}\mathrm{L}(p,\alpha)=0$，即

$$\begin{aligned}\frac{\partial}{\partial p}\mathrm{L}(p,\alpha) &= \sum_{x,y}\overline{p}(x)(\log p(y\,|\,x)+1)-\sum_{x,y}\sum_{i=1,\cdots,k}\alpha_i\overline{p}(x)f_i(x,y)+\sum_{y}\alpha_0 \\ &= \sum_{x,y}\overline{p}(x)[\log p(y\,|\,x)+1-\sum_{i=1,\cdots,k}\alpha_i f_i(x,y)+\alpha_0]\end{aligned}$$

解得

$$p^*(y\,|\,x)=\mathrm{e}^{\sum_i \alpha_i f_i(x,y)-\alpha_0-1}=Z(x)\mathrm{e}^{\sum_i \alpha_i f_i(x,y)}$$

又 $\forall x \sum_y p(y\,|\,x)=1$，那么

$$\sum_y p^*(y\,|\,x)=\sum_y Z(x)\mathrm{e}^{\sum_i \alpha_i f_i(x,y)}=1$$

得到 $Z(x)=\dfrac{1}{\sum_y \mathrm{e}^{\sum_i \alpha_i f_i(x,y)}}$

总结一下，最大熵模型的条件概率分布为

$$p(y\,|\,x)=Z(x)\mathrm{e}^{\sum_i \alpha_i f_i(x,y)}$$
$$Z(x)=\frac{1}{\sum_y \mathrm{e}^{\sum_i \alpha_i f_i(x,y)}}$$

这样 $\min_p \mathrm{L}(p,\alpha)$ 的最优解 $p^*(y\,|\,x)$ 就求解出来了，剩下就是求

$$\max_{\alpha}\min_{p}\mathrm{L}(p,\alpha)=\max_{\alpha}p^{*}(y\mid x)$$

它是 α 的函数，只要 α 求解出来了，最大熵模型 $p(y\mid x)$ 也就求解出来了，但是很显然，α 的解析解无法直接求出（有指数函数），那么就需要数值方法来求解了，例如 GIS、IIS、LBFGS 等方法。

在这简单介绍一下 IIS 求解的流程（里面有很多证明，请参考论文《The Improved Iterative Scaling Algorithm: A Gentle Introduction》），我们现在已经知道了条件概率 $p(y\mid x)$ 的表达式了，那么就可以用最大似然估计（最大熵和最大似然估计训练结果一致，只是考虑的方式不同：最大熵是以样本数据的熵值最大化为目标；最大似然估计是以样本数据的概率值最大化作为目标，既然训练结果一致，那就找个简单的求解），写出它的 log 似然函数

$$\mathrm{L}'(\alpha)=\sum_{x,y}\overline{p}(x,y)\log p(y\mid x)$$

$p(y\mid x)$ 我们已经求解出来了，是 α 的函数，那么 $\mathrm{L}'(\alpha)$ 自然也是 α 的函数了，但是如果用 $\mathrm{L}'(\alpha)$ 对 α 求导的话，也是无法解出 α 的，那也就需要迭代法：$\alpha=\alpha+\delta$。满足 $\mathrm{L}'(\alpha+\delta)\geqslant\mathrm{L}'(\alpha)$，也就是每步迭代都要向最优解移动，要想移动得快，也就是要使 $\mathrm{L}'(\alpha+\delta)-\mathrm{L}'(\alpha)$ 尽可能大，也就是最大化 $\mathrm{L}'(\alpha+\delta)-\mathrm{L}'(\alpha)$ 即可（它是 δ_i 的函数）。如果 $\mathrm{L}'(\alpha+\delta)-\mathrm{L}'(\alpha)$ 无法表示出来，那就找个下限 $\mathrm{L}'(\alpha+\delta)-\mathrm{L}'(\alpha)\geqslant\varphi(\delta)$，然后就是每次迭代求解 $\varphi(\delta)$ 的最大值了。

IIS 的算法流程如下。

（1）设 $\alpha_i=0$，$i=1,\cdots,k$

（2）for i=1 to k:

2.1 $\frac{\partial}{\partial\delta}\varphi(\delta_i)=\sum_{x,y}\overline{p}(x,y)f_i(x,y)-\sum_{x}\overline{p}(x)\sum_{y}p(y\mid x)f_i(x,y)\mathrm{e}^{\delta_i f^{\#}(x,y)}$

2.2 令 $\frac{\partial}{\partial\delta}\varphi(\delta_i)=0$，解出 δ_i。（其中 $f^{\#}(x,y)=\sum_{i=1,\cdots,k}f_i(x,y)$）

2.3 $\alpha_i=\alpha_i+\delta_i$

至此，最大熵模型介绍完了，然后简单介绍一下条件随机场（CRF）是什么东西。大家已经知道最大熵模型的条件概率分布为

$$p(y|x)=Z(x)\exp\left(\sum_i \alpha_i f_i(x,y)\right)$$

$$Z(x)=\frac{1}{\sum_y \exp\left(\sum_i \alpha_i f_i(x,y)\right)}$$

而且，它的概率图如图 3.8 所示。

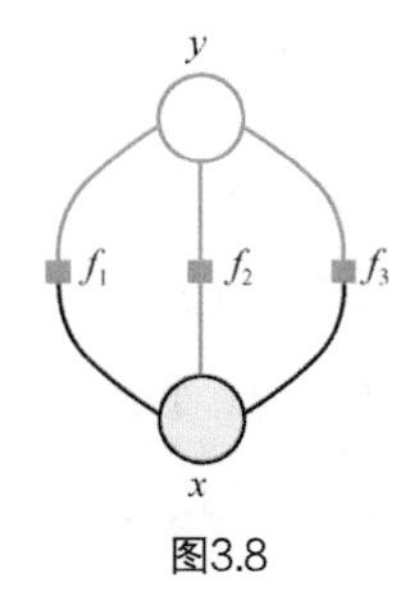

图3.8

而 CRF 的条件概率分布是

$$p(y|x)=Z(x)\exp\left(\sum_i \alpha_i \sum_{t=1,\cdots,N} f_i(x_t,y_t,y_{t-1})\right)$$

$$Z(x)=\frac{1}{\sum_y \exp\left(\sum_i \alpha_i \sum_{t=1,\cdots,N} f_i(x_t,y_t,y_{t-1})\right)}$$

而且，它的概率图如图 3.9 所示。

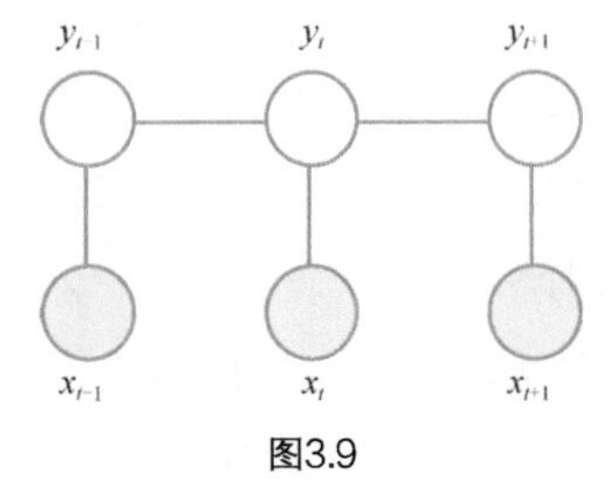

图3.9

从概率图大致可以看出区别了，CRF 利用了上下文信息，而且最后

的条件概率也是全局最优（无标记偏置问题），所以它对标注问题（分词、词性标注、实体识别等）效果更好一点。至于CRF的细节大家可以参考一下论文《Conditional Random Fields: An Introduction》，它的参数求解过程和最大熵——最大似然估计很类似，然后使用IIS、LBFGS等算法求解参数。《Discriminative Training Methods For Hidden Markov Models: Theory And Experiments With Perceptron Algorithms》这篇文章提出了一种更简单的训练方法。

3.4 主题模型

主题模型（Topic Model）是自然语言处理（NLP）中非常有影响力的模型之一，因为它的初衷就是解决NLP中的语义问题，尽管这距离真正意义上的语义有很大距离。那么什么是“主题”呢？一段话的主题就是我们小学语文课上学过的中心思想，但是这个中心思想太宽泛了，计算机要怎么表示呢？那就是用一些最能反映中心思想的词来表示（这就产生了一个假设：bag of words。这个假设是指一个文档被表示为一堆单词的无序组合，不考虑语法、词序等，现在bag of words假设其实也是NLP任务的一个基本假设），比如下面一段新闻内容：“*站在互联网整个行业的角度，我认为微信是一个极具生命力和想象空间的移动产品，它的布局和设计都有可能颠覆移动互联网的明天。*”我们可以看出，它的主题应该就是“微信”“移动互联网”等。对于一篇文档，我们希望能得到它的主题（一些词），以及这些词属于哪些主题的概率，这样我们就可以进一步分析文档了。

主题模型有不少算法，最经典的两个是：PLSA（Probabilistic Latent Semantic Analysis）和LDA（Latent Dirichlet Allocation）。

首先来看一下PLSA模型。$d \in D$表示文档，$w \in V$表示词语，z表示隐含的主题。$P(d_i)$表示单词在文档d_i中出现的概率，$P(z_k \mid d_i)$表示主题z_k在给定文档d_i下出现的概率，$P(w_j \mid z_k)$表示单词w_j在给定主题z_k下出现的概率。PLSA是个典型的生成模型。根据图3.10模型可以写出文档中每个词的生

成概率

$$P(d_i,w_j)=P(d_i)P(w_j\mid d_i)=P(d_i)\sum_{k=1,\cdots,K}P(w_j\mid z_k)p(z_k\mid d_i)$$

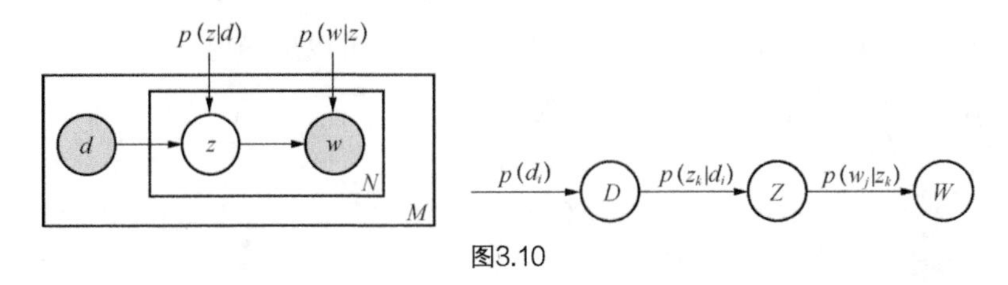

图3.10

由于词和词之间是互相独立的，文档和文档间也是相互独立的，那么整个样本集的分布为

$$P(D,V)=\prod_{i=1,\cdots,N}\prod_{j=1,\cdots,M}P(d_i,w_j)^{n(w_j,d_i)}$$

首先，我们看看，PLSA 模型待估计的参数是什么？就是 $\theta=\{P(w_j\mid z_k), P(z_k\mid d_i)\}$，那么样本集的 log 似然函数就为

$$\mathrm{L}(\theta)=\log P(D,V|\theta)=\sum_{i=1,\cdots,\mathrm{M}}\sum_{j=1,\cdots,N}n(w_j,d_i)\log P(d_i,w_j)$$

其中，$n(w,d)$ 表示单词 w 在文档 d 中出现的次数，$n(d)$ 表示文档 d 中词的个数。

好，现在有了 log 似然函数，那么就可以对其求导解出参数了，我们知道参数 θ 共有（$N\times K+M\times K$）个，而且自变量是包含在对数和中，这就意味着这个方程组的求解很困难，那就要考虑其他方法求解了，而且这个问题还包含隐藏变量，就要使用 **EM 算法**。

EM 算法就是根据已经观察到的变量对隐藏变量进行学习的方法。既然没办法最大化 $\mathrm{L}(\theta)$，那么 $\mathrm{L}(\theta)$ 总该有个下限吧。我们优化这个下限，不断迭代提高这个下限，就可以得到近似最优解了。这个下限其实就是似然函数的期望。通常，EM 算法得到的是局部近似解。

首先对参数 $P(w_j\mid z_k)$ 和 $P(z_k\mid d_i)$ 赋值随机值。

EM 算法第一步 E-step：求隐藏变量的后验概率

$$P(z_k|d_i,w_j)=\frac{P(w_j\mid z_k)P(z_k\mid d_i)}{\sum_{k=1,\cdots,K}P(w_j\mid z_k)P(z_k\mid d_i)}$$

EM 算法第二步 M-step：最大化似然函数的下限，解出新的参数。

那么，现在的问题就是找到 $\mathrm{L}(\theta)$ 的下限，可以推导出

$$\begin{aligned}\mathrm{L}(\theta)&=\sum_{i=1,\cdots,M}\sum_{j=1,\cdots,N}n(w_j,d_i)\log\sum_{k=1,\cdots,K}P(z_k\mid d_i)P(w_j\mid z_k)\\&\geqslant\sum_{i=1,\cdots,M}\sum_{j=1,\cdots,N}n(w_j,d_i)\sum_{k=1,\cdots,K}P(z_k\mid d_i,w_j)\log(P(z_k\mid d_i)P(w_j\mid z_k))=Q(\theta)\end{aligned}$$

$Q(\theta)$ 就是下限，那么最大化它就可以了，但是还有约束条件

$$\sum_{j=1,\cdots,N}P(w_j\mid z_k)=1$$

$$\sum_{k=1,\cdots,K}P(z_k\mid d_i)=1$$

这时写出拉格朗日函数

$$\begin{aligned}H=&\sum_{i=1,\cdots,M}\sum_{j=1,\cdots,N}n(w_j,d_i)\sum_{k=1,\cdots,K}P(z_k\mid d_i,w_j)\log(P(z_k\mid d_i)P(w_j\mid z_k))\\&+\sum_{k=1,\cdots,K}\tau_k(\sum_{j=1,\cdots,N}P(w_j\mid z_k)-1)\\&+\sum_{i=1,\cdots,M}\rho_i(\sum_{k=1,\cdots,K}P(z_k\mid d_i)-1)\end{aligned}$$

然后分别对 $P(w_j\mid z_k)$ 和 $P(z_k\mid d_i)$ 求导（注意，$P(z_k\mid d_i,w_j)$ 是已知的，在 E-step 已经计算好了），然后联合约束条件，解得

$$P(w_j\mid z_k)=\frac{\sum_{i=1,\cdots,M}n(w_j,d_i)P(z_k|d_i,w_j)}{\sum_{j=1,\cdots,N}\sum_{i=1,\cdots,M}n(w_j,d_i)P(z_k|d_i,w_j)}$$

$$P(z_k\mid d_i)=\frac{\sum_{j=1,\cdots,N}n(w_j,d_i)P(z_k\mid d_i,w_j)}{n(d_i)}$$

然后把 $P(w_j\mid z_k)$ 和 $P(z_k\mid d_i)$ 代入到 E-step 接着迭代。

在这儿总结一下经典的 EM 算法。假设 log 似然函数为 $\mathrm{L}(\theta)=\log\sum_Z P(X,Z\mid\theta)$，那么 EM 算法步骤为：

（1） 随机初始化 θ_i；

（2） EM 步骤：

while ($|\theta_{i+1}-\theta_i|<\delta$)：

E-step：计算后验概率$P(Z|X,\theta_i)$；

M-step：$\theta_{i+1}=\text{argmax}_\theta\sum_Z P(Z|X,\theta_i)\log P(X,Z|\theta)$。

至此，PLSA 算法就求解完了，它和其他算法的求解过程其实没多大区别，唯一的不同是多了隐藏变量，然后使用 EM 算法求解。

PLSA 求出了所有 $P(z_k|d_i)$ 和 $P(w_j|z_k)$，也就是文档 d_i 属于主题 z_k 的概率和主题 z_k 下各个单词 w_j 的概率，但是 PLSA 并没有考虑参数的先验知识，这时候出现了另一个改进的算法：LDA。LDA 对参数增加了先验分布（所以理论上 LDA 比 PLSA 不容易过拟合），也就是说参数也是一个分布，这个分布的参数（参数的参数）叫作超参数。

LDA 是个挺复杂的模型，我们来看一下它的大致思路，图 3.11 就是从论文中截取的 LDA 的图模型。

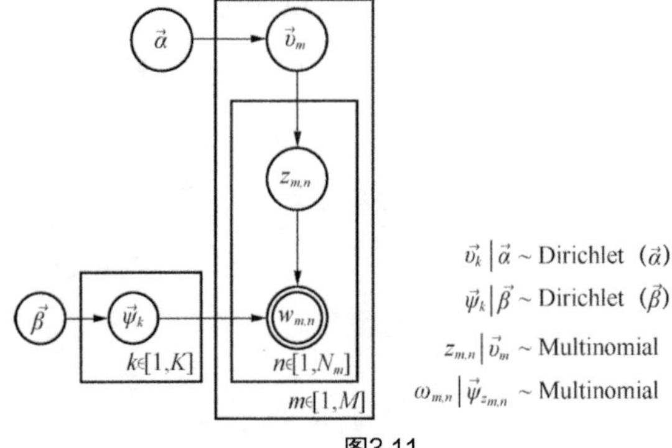

图3.11

其中，$w_{m,n}$ 是观察到的变量（文档 m 中第 n 个词），其他都是参数或者隐藏变量，$\vec{\alpha}$，$\vec{\beta}$就是超参数。$\phi=\{\overrightarrow{\varphi_k}\}$表示主题和词之间的分布，是一个 $M\times K$ 的矩阵，$\Theta=\{\overrightarrow{\vartheta_m}\}$表示文档和主题之间的分布，是一个 $K\times V$ 的矩阵。M 是文档数，K 是主题数，V 是词数，N_m 是文档 m 的长度。

LDA 有个假设：$\vec{\alpha} \to \vec{\vartheta}_m$服从 Dirichlet 分布，$\vec{\vartheta}_m \to z_{m,n}$服从 Multinomial 分布，$\vec{\beta} \to \vec{\varphi}_k$服从 Dirichlet 分布，$\vec{\varphi}_k \to w_{m,n}$服从 Multinomial 分布。我们知道 Dirichlet 分布和 Multinomial 分布是一对共轭分布，那么为什么 LDA 要假设共轭分布呢？当某个似然概率异常复杂时，后验概率计算会叫人难以理解，使用共轭先验可以简化问题。把 Dirichlet 分布和 Multinomial 分布都研究透了，它们的概率分布、期望等都是可以直接求解出来的，在推导最终参数时就可以直接使用了。

假设某个分布（观察变量为 X），要估计其中的参数 θ。参数 θ 有个先验分布 $p(\theta)$，贝叶斯法则告诉我们$p(\theta \mid X) \propto p(X \mid \theta)p(\theta)$，可以知道，若 $p(\theta)$ 与 $p(X \mid \theta)$ 有相同的函数形式，那么后验概率 $p(q \mid X)$ 和它们（$p(q)$ 与 $p(X \mid \theta)$）也有相同的函数形式。这样就使得 θ 的后验概率与先验概率具有相同的表达式，只是参数不同而已。所以选择与似然函数共轭的先验，得到的后验函数只是参数调整后的先验函数。

同样，可以写出 LDA 的似然函数，然后使用最大似然估计求解参数，但是似然函数参数耦合太大，无法求解出来，而且包括隐藏变量，所以就像 PLSA 一样，想到了 EM 算法，但是 LDA 相比 PLSA 还有一个困难：后验概率无法求解出来（EM 算法中 E-step 要求解后验概率），那么这时就又要近似计算了，即使用变分 -EM 算法。

变分推理是一种近似计算后验概率的方法，首先寻找一个和原来不能直接求解的后验概率等价或者近似的函数 Q，然后就通过求解最优近似函数 Q 的参数来近似得到原后验概率的参数。

变分 -EM 算法迭代的流程如下：

（1）设定参数的初始值；

（2）E-step：计算近似函数Q；

（3）M-step：最大化近似函数Q，解出参数。

求解 LDA 的参数还有一种方法：Gibbs Sampling。

Gibbs Sampling 算法是 MCMC 的一个特例，如果某个概率 $P(X)$ 不易求得，那么可以交替地固定某一维度 x_i，然后通过其他维度$x_{\neg i}$（去除 x_i 的其他所有值）的值来抽样近似求解，也就是说，Gibbs 采样就是用条件分布的采样来替代全概率分布的采样。

回到 LDA，使用 Gibbs Sampling，就是要迭代求解：

$$P(z_{m,n}=k \mid \vec{w}, z_{\neg(m,n)}, \vec{\alpha}, \vec{\beta})$$

这个公式要利用联合概率$P(\vec{w},\vec{z} \mid \vec{\alpha},\vec{\beta})$，而联合概率的计算其实就是利用 Dirichlet 分布和 Multinomial 分布推导出来的，这两个分布是已知的，所以$P(z_{m,n}=k \mid \vec{w}, z_{\neg(m,n)}, \vec{\alpha}, \vec{\beta})$自然可以求解出来了。

当 Gibbs Sampling 收敛后，根据图模型就可以求解后验分布了：$P(\vec{\vartheta}_m \mid \vec{z}_m, \vec{\alpha})$和$P(\vec{\varphi}_k \mid \vec{z}, \vec{\alpha}, \vec{\beta})$（共轭分布的性质是它们就和先验分布一样，只是参数不同，所以可以求解出来），然后使用它们的期望就可以解出所有$\vec{\varphi}_k$和$\vec{\vartheta}_m$了。

所以整个基于 Gibbs Sampling 的 LDA 算法流程为：

（1）初始化参数；

（2）对所有文档$m=1,\cdots,M$

对文档m中所有的单词$n=1,\cdots,N_m$

- 采样每个单词$w_{m,n}$对应的主题$z_{m,n}=k$；
- 对单词$w_{m,n}$的主题k增加计数（“文档-主题”计数，“文档-主题”总数，“主题-单词”计数，“主题-单词”总数）；

（3）迭代步骤：

对所有文档$m=1,\cdots,M$

对文档m中所有的单词$n=1,\cdots,N_m$

- 对单词$w_{m,n}$的主题k减少计数；
- 根据$P(z_{m,n}=\tilde{k} \mid \vec{w}, z_{\neg(m,n)}, \vec{\alpha}, \vec{\beta})$采样新主题；
- 对单词$w_{m,n}$的新主题 $\tilde{k}$ 增加计数；

收敛后，利用公式计算所有$\vec{\varphi}_k$和$\vec{\vartheta}_m$。

训练完模型后就可以得到 $P(w \mid t)$ 和 $P(t \mid d)$，示例如下：

$P(w \mid t)$

	Word1	Word2	…
Topic1:	0.002	0.032	
Topic2:	0.072	0.001	
…			

$P(t \mid d)$

	Topic1	Topic2	…
Doc1:	0.001	0.068	
Doc2:	0.002	0.019	
…			

同样可以得到属于每个 Topic 的词的概率，示例如下：

Topic1:		Topic2:		Topic3:	
大学	0.100702	幸福	0.166863	房	0.072123
学院	0.040089	快乐	0.138882	成交	0.030422
毕业	0.036775	心情	0.036375	楼市	0.029435
高考	0.025012	家庭	0.034673	房产	0.029342
专业	0.023487	生活	0.030413	买房	0.020698

至此 LDA 就讲解完了，如果想进一步深入了解 LDA 的每个细节，下面的文章不可不读（当然还有其他文章，不一一列举了）：

《Variational Message Passing and Its Applications》

《Latent Dirichlet Allocation》

《Parameter Estimation for Text Analysis》

《The Expectation Maximization Algorithm A Short Tutorial》

《Gibbs Sampling in The Generative Model of Latent Dirichlet Allocation》

乍一看 LDA 很难理解，但是从最终推导的公式来看，代码还是很清晰的，下面就是 GibbsLDA++ 开源工具包里的核心代码，其实还是很容易理解的：

```
// --- model parameters and variables ---
int M; // dataset size (i.e., number of docs)
int V; // vocabulary size
int K; // number of topics
double alpha, beta; // LDA hyperparameters
int niters; // number of Gibbs sampling iterations
```

```
double * p; // temp variable for sampling
int ** z; // topic assignments for words, size M x doc.size()
int ** nw; // cwt[i][j]: number of instances of word/term i assigned to
topic j, size V x K
int ** nd; // na[i][j]: number of words in document i assigned to topic j,
size M x K
int * nwsum; // nwsum[j]: total number of words assigned to topic j, size K
int * ndsum; // nasum[i]: total number of words in document i, size M
double ** theta; // theta: document-topic distributions, size M x K
double ** phi; // phi: topic-word distributions, size K x V
int model::init_est()
{
//...
    srandom(time(0)); // initialize for random number generation
    z = newint*[M];
    for (m = 0; m < ptrndata->M; m++)
    {
        int N = ptrndata->docs[m]->length;
        z[m] = newint[N];

        // initialize for z
        for (n = 0; n < N; n++)
        {
            int topic = (int)(((double)random() / RAND_MAX) * K);
            z[m][n] = topic;

            // number of instances of word i assigned to topic j
            nw[ptrndata->docs[m]->words[n]][topic] += 1;
            // number of words in document i assigned to topic j
            nd[m][topic] += 1;
            // total number of words assigned to topic j
            nwsum[topic] += 1;
        }
        // total number of words in document i
        ndsum[m] = N;
    }
//...
    return 0;
}
void model::estimate()
{
    printf( "Sampling %d iterations!\n" , niters);
```

```
    int last_iter = liter;
    for (liter = last_iter + 1; liter <= niters + last_iter; liter++)
    {
        printf( "Iteration %d ...\n", liter);

        // for all z_i
        for (int m = 0; m < M; m++)
        {
            for (int n = 0; n < ptrndata->docs[m]->length; n++)
            {
                // (z_i = z[m][n])
                // sample from p(z_i|z_-i, w)
                int topic = sampling(m, n);
                z[m][n] = topic;
            }
        }

        if (savestep > 0)
        {
            if (liter % savestep == 0)
            {
                // saving the model
                printf( "Saving the model at iteration %d ...\n" , liter);
                compute_theta();
                compute_phi();
                save_model(utils::generate_model_name(liter));
            }
        }
    }//end for

    printf( "Gibbs sampling completed!\n" );
    printf( "Saving the final model!\n" );
    compute_theta();
    compute_phi();
    liter--;
    save_model(utils::generate_model_name(-1));
}
int model::sampling(int m, int n)
{
    // remove z_i from the count variables
    int topic = z[m][n];
```

```
    int w = ptrndata->docs[m]->words[n];
    nw[w][topic] -= 1;
    nd[m][topic] -= 1;
    nwsum[topic] -= 1;
    ndsum[m] -= 1;

    double Vbeta = V * beta;
    double Kalpha = K * alpha;

    // do multinomial sampling via cumulative method
    for (int k = 0; k < K; k++)
    {
          p[k] = (nw[w][k] + beta) / (nwsum[k] + Vbeta) *
                      (nd[m][k] + alpha) / (ndsum[m] + Kalpha);
    }

    // cumulate multinomial parameters
    for (int k = 1; k < K; k++)
    {
          p[k] += p[k - 1];
    }

    // scaled sample because of unnormalized p[]
    double u = ((double )random() / RAND_MAX) * p[K - 1];

    for (topic = 0; topic < K; topic++)
    {
        if (p[topic] > u)
            break;
    }

    // add newly estimated z_i to count variables
    nw[w][topic] += 1;
    nd[m][topic] += 1;
    nwsum[topic] += 1;
    ndsum[m] += 1;

    return topic;
}
void model::compute_theta()
{
    for (int m = 0; m < M; m++) {
```

```
            for (int k = 0; k < K; k++) {
                theta[m][k] = (nd[m][k] + alpha) / (ndsum[m] + K * alpha);
            }
        }
}
void model::compute_phi()
{
        for (int k = 0; k < K; k++) {
            for (int w = 0; w < V; w++) {
                phi[k][w] = (nw[w][k] + beta) / (nwsum[k] + V * beta);
            }
        }
}
// ------ end -------
```

3.5 深度学习

深度学习（Deep Leaning）是 Hinton 于 2006 年提出来的，然而从 2012 年开始，它变得异常火爆，几乎到处都能听见“Deep Learning”，但是它本质上还是一个机器学习模型，只是解决问题的思路有所不同。之前我们讲过，传统的机器学习需要提取特征，然后建立模型学习，但是特征是人工提取，如果不需要人工参与，那该多好啊。深度学习就可以这样，所以也叫无监督特征学习。

3.5.1 基本概述

前面说过，机器学习的过程是受人的学习机制的启发，那么人最聪明的地方是大脑，如果机器能模拟大脑，那势必会更聪明些，神经网络就是模拟人脑中的神经元的工作方式。1957 年提出的感知器模型，是最简单的人工神经网络，如图 3.12 左图所示，它只有一层网络，输出层函数是 $f(x)=\text{sign}(w^{\mathrm{T}}x)$。我们在前面讲的逻辑回归也是一种单层神经网络，它的输出层函数是 $f(x)=\text{sigmod}(w^{\mathrm{T}}x)$，其实，SVM 也可以理解为是浅层的网络，隐藏层是一个核函数。20 世纪 80 年代，人们提出的神经网络是比感知器稍微复杂的非线性模型，最经典的就是 BP 神经网络，它有三层网络模型（输入层、隐藏层、输出层），如图 3.12 右图所示。这些模型都是浅层网络（最多三层）。BP 神经网络的学习算法非常重要，所以我们有必要介绍一下这个网络，它的公式如下（这也就是正向传播）

$$z^2 = W^1 x + b^1$$
$$a^2 = f(z^2)$$
$$z^{l+1} = W^l a^l + b^l$$
$$a^{l+1} = f(z^{l+1})$$

其中，f 是激励函数，常用的激励函数有 sigmoid 函数、tanh 函数等，有的输出层使用 softmax 函数（见 3.2 节）。

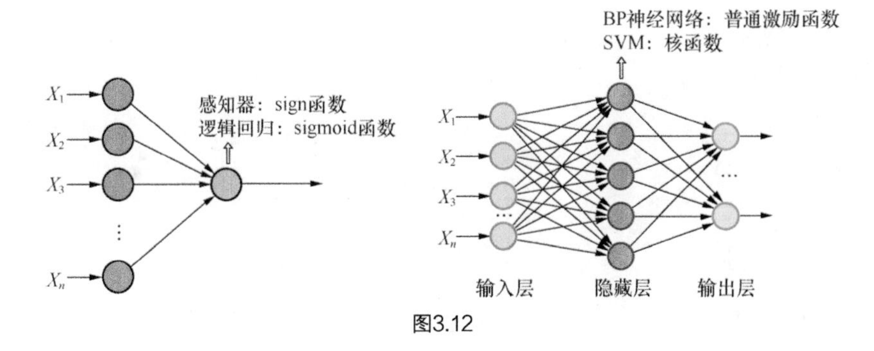

图3.12

那么怎么求解其中的参数（每一层的 W 和 b）呢？使用梯度下降法来迭代，即

$$W^l = W^l - \alpha \frac{\delta \mathrm{L}(W,b)}{\delta W^l}$$
$$b^l = b^l - \alpha \frac{\delta \mathrm{L}(W,b)}{\delta b^l}$$

其中 $\mathrm{L}(W,b)$ 就是损失函数，前面已经讲过，有平方损失、似然损失等。

$$\frac{\delta \mathrm{L}(W,b)}{\delta W^l} = \frac{\delta \mathrm{L}(W,b)}{\delta z^{l+1}} \frac{\delta z^{l+1}}{\delta W^l} = \frac{\delta \mathrm{L}(W,b)}{\delta z^{l+1}} a^l$$
$$\frac{\delta \mathrm{L}(W,b)}{\delta b^l} = \frac{\delta \mathrm{L}(W,b)}{\delta z^{l+1}} \frac{\delta z^{l+1}}{\delta b^l} = \frac{\delta \mathrm{L}(W,b)}{\delta z^{l+1}}$$

剩下的问题就是求解$\delta L(W,b)/\delta z^{l+1}$了，令$\sigma^l = \delta L(W,b)/\delta z^l$

对于输出层

$$\sigma^n = \frac{\delta L(W,b)}{\delta z^n} = \frac{\delta L(W,b)}{\delta f} f'(z^n)$$

对于每个隐藏层

$$\sigma^l = \frac{\delta L(W,b)}{\delta z^l} = \frac{\delta L(W,b)}{\delta z^{l+1}} \frac{\delta z^{l+1}}{\delta a^l} \frac{\delta a^l}{\delta z^l} = (W^l)^{\mathrm{T}} \sigma^{l+1} \cdot f'(z^l)$$

这样就可以求解出所有参数了，上面的推导使用的是矩阵形式，下面我们从代码里来具体看看这个算法的细节：

```
//bp.h
#ifndef _BP_H_
#define _BP_H_
#include <time.h>
#include <stdlib.h>
#include <stdio.h>
#include <math.h>

class CBackProp
{
private:
     double **m_delta;        //每个单元的误差
     double ***m_weight;      //权重W和b
     int m_layer_number;      //网络的层数
     int *m_layer_size;       //每层网络的节点数
     double m_beta;           //学习速率
     double m_alpha;          //冲量率
     double **m_out;          //每个单元的输出
     double ***m_prevDWt;     //前一次迭代的权重更值

public:
     ~CBackProp();
     CBackProp(int layer_number, int *layer_size, double beta, double alpha);

     //sigmoid函数
     double Sigmoid(double in) const { return (double)(1/(1+exp(-in))); }
     //sigmoid函数导数
     double SigmoidDerivative(double gx) const { return gx *(1 - gx); }
```

```
    //损失函数
    double MSE(double *target) const;
    //损失函数导数
    double MSEDerivative(double *gx, int i) const;

    //BP训练
    void BackProp(double *in, double *target);
    //前向传播
    void FeedForward(double *in);

    //获得第i个输出
    double GetOut(int i) const{ return m_out[m_layer_number-1][i]; }
};
#endif

//bp.cpp
#include "bp.h"
CBackProp::CBackProp(int layer_number, int *layer_size, double beta,
double alpha) : m_beta(beta),m_alpha(alpha)
{
    m_layer_number = layer_number;
    m_layer_size = new int[m_layer_number];
    for(int i = 0; i < m_layer_number; i++){
        m_layer_size[i] = layer_size[i];
    }

    m_out = new double*[m_layer_number];
    for(int i = 0; i < m_layer_number; i++){
        m_out[i] = new double[m_layer_size[i]];
    }

    m_delta = new double*[m_layer_number];
    for(int i = 1; i < m_layer_number; i++){
        m_delta[i] = new double[m_layer_size[i]];
    }

    m_weight = new double**[m_layer_number];
    for(int i = 1;i < m_layer_number; i++){
        m_weight[i] = new double*[m_layer_size[i]];
    }
    for(int i = 1;i < m_layer_number; i++){
```

```
        for(int j = 0;j < m_layer_size[i]; j++){
            m_weight[i][j] = new double[m_layer_size[i-1]+1];
        }
    }

    m_prevDWt = new double**[m_layer_number];
    for(int i = 1;i < m_layer_number; i++){
        m_prevDWt[i] = new double*[m_layer_size[i]];
    }
    for(int i = 1; i < m_layer_number; i++){
        for(int j = 0;j < m_layer_size[i]; j++){
            m_prevDWt[i][j] = new double[m_layer_size[i-1]+1];
        }
    }

    for(int i = 1;i < m_layer_number; i++)
        for(int j = 0;j < m_layer_size[i]; j++)
            for(int k = 0; k < m_layer_size[i-1]+1; k++)
                m_prevDWt[i][j][k] = (double)0.0;

    //初始化随机数
    srand((unsigned)(time(NULL)));
    for(int i = 1;i < m_layer_number; i++)
        for(int j = 0;j < m_layer_size[i]; j++)
            for(int k = 0; k < m_layer_size[i-1]+1; k++)
                m_weight[i][j][k] = (double)(rand())/(RAND_MAX/2) - 1;
}

CBackProp::~CBackProp()
{
    for(int i = 0;i < m_layer_number; i++)
        delete[] m_out[i];
    delete[] m_out;

    for(int i = 1;i < m_layer_number; i++)
        delete[] m_delta[i];
    delete[] m_delta;

    for(int i = 1; i < m_layer_number; i++)
        for(int j = 0; j < m_layer_size[i]; j++)
            delete[] m_weight[i][j];
    for(int i = 1; i < m_layer_number; i++)
```

```
            delete[] m_weight[i];
        delete[] m_weight;

        for(int i = 1;i < m_layer_number; i++)
            for(int j = 0;j < m_layer_size[i]; j++)
                delete[] m_prevDWt[i][j];
        for(int i = 1;i < m_layer_number; i++)
            delete[] m_prevDWt[i];
        delete[] m_prevDWt;

        delete[] m_layer_size;
}

double CBackProp::MSE(double *target) const
{
        double mse = 0.0;
        for(int i = 0; i < m_layer_size[m_layer_number-1]; i++)
             mse += (target[i]-m_out[m_layer_number-1][i]) * (target[i]-m_ out[m_
layer_number-1][i]);
        return mse / 2.0;
}
double CBackProp::MSEDerivative(double *gx, int i) const
{
        return gx[i] - m_out[m_layer_number-1][i];
}

void CBackProp::FeedForward(double *in)
{
        double sum = 0.0;

        //m_out[0]存输入
        for(int i = 0; i < m_layer_size[0]; i++)
            m_out[0][i] = in[i];

        for(int i = 1; i < m_layer_number; i++){
            for(int j = 0; j < m_layer_size[i]; j++){
                sum = 0.0;
                for(int k = 0; k < m_layer_size[i-1]; k++){
                    sum += m_out[i-1][k]*m_weight[i][j][k];
                }
                sum += m_weight[i][j][m_layer_size[i-1]]; // + b
                m_out[i][j] = Sigmoid(sum);
```

```
            }
        }
}

void CBackProp::BackProp(double *in, double *target)
{
    double sum = 0.0;

    //更新out
    FeedForward(in);

    //计算输出层的delta
    for(int i = 0;i < m_layer_size[m_layer_number-1]; i++){
            m_delta[m_layer_number-1][i]  = SigmoidDerivative(m_out[m_
layer_number-1][i]) * MSEDerivative(target, i);
    }

    //计算隐藏层的delta
    for(int i = m_layer_number-2; i > 0; i--){
        for(int j = 0; j < m_layer_size[i]; j++){
            sum = 0.0;
            for(int k = 0; k < m_layer_size[i+1]; k++){
                sum += m_delta[i+1][k] * m_weight[i+1][k][j];
            }
            m_delta[i][j] = SigmoidDerivative(m_out[i][j]) * sum;
        }
    }

    //冲量
    for(int i = 1; i < m_layer_number; i++){
        for(int j = 0; j < m_layer_size[i]; j++){
            for(int k = 0; k < m_layer_size[i-1]; k++){
                m_weight[i][j][k] += m_alpha * m_prevDWt[i][j][k];
            }
                m_weight[i][j][m_layer_size[i-1]]  +=  m_alpha  *  m_
prevDWt[i]  [j][m_layer_size[i-1]];
        }
    }

    //梯度下降调整权重
    for(int i = 1; i < m_layer_number; i++){
        for(int j = 0; j < m_layer_size[i]; j++){
```

```
                for(int k = 0; k < m_layer_size[i-1]; k++){
                    m_prevDWt[i][j][k] = m_beta * m_delta[i][j] * m_out[i-1][k];
                    m_weight[i][j][k] += m_prevDWt[i][j][k]; //更新W
                }
                m_prevDWt[i][j][m_layer_size[i-1]] = m_beta * m_delta[i][j];
                 m_weight[i][j][m_layer_size[i-1]] += m_prevDWt[i][j] [m_
layer_size[i-1]]; //更新b
            }
        }
}
```

这些浅层网络有很多缺点：初始值的选取是随机的，很容易收敛到局部最优解，导致过拟合；如果增加隐藏层的话，就会使传递到前面的梯度越来越稀疏，收敛速度很慢；它没有利用海量的未标注数据，所以很难有大的突破。

为了克服浅层神经网络的训练缺陷，早期的深度学习是在海量数据中采用贪婪式的逐层学习方法：首先是无监督训练，单独训练一层，然后把该层的输出作为下一层的输入，使用相同的方法一直向上训练；然后到最上层是一个有监督的从上到下的微调。所以深度学习相比神经网络最大特点是深层网络的训练算法和训练技巧以及大规模的数据集，一般来说使用深度学习有两个框架。

（1）无监督学习 + 有监督学习：首先从大量未标注数据中无监督逐层学习特征，然后把学习到的特征放到传统的监督学习方法来学习模型。

（2）有监督学习：首先逐层学习，到网络最上层是一个分类器（例如，softmax 分类器），整个是一套深层网络模型。

从深度学习诞生到现在，已经有学者逐步提出了不少模型，目前使用较多的有：

DNN（深度神经网络）；

CNN（卷积深度网络）；

RNN（递归神经网络）；

GAN（生成对抗网络）；

Seq2Seq（端对端模型框架）。

深度学习的优势在于海量训练数据和好的训练模型（个人认为海量数据起的作用更大）。既然有海量训练数据，那么对计算性能就会有很高的要求，一般都是使用 GPU 来训练深度学习模型，这些都是以前无法达到的。

3.5.2 文本表示

我们看看深度学习在文本上怎么应用。前面提到过，在自然语言处理中有个假设：bag of words。一篇文档由很多词组成，如果把字典中所有词按照字母顺序排成一个很长的向量，那么每篇文档就可以使用这个长向量来表示了。某个词出现了，就标记为 1，没有出现的词标记为 0。可以想象，每个文档将会是一个稀疏向量。把文档表示成向量就会有很多缺点，例如，“电脑”和“计算机”有很大的语义相似性，但是表示成向量它们就没有语义关系了，因为它们在词典中的不同位置，不管用什么方法（cosine）都没法计算出很好的相似性。也就是说把词表示成一个槽位是不合理的，那么我们可不可以用更好的方法表示词或者句子的信息呢？深度学习提供了一种思路。

深度学习在文本上的应用，也都是把句子通过深度学习模型表示成向量，然后再对得到的向量进行各种任务，如图 3.13 所示。

至于怎么把词或者句子表示成向量，后面再详细介绍，先解释一下把词或者句子表示成向量的意义。我个人有两种理解：**（1）变换**。就像在信号处理中，当信号在时域不好处理的时候，就通过傅里叶变换或者小波变换把它映射到频域中处理，处理完后再映射回时域中。把句子表示成向量也可以认为是同一个思路。就好比当我们在“物理世界”中遇到困难的时候，要静下心来，听听自己内心深处的想法，也就是“灵魂世界”的“本我”的真正诉求（物理世界到灵魂世界的变换），然后再到“物理世界”中克服掉困难，但是往往绝大多数人的“本我”被“物理世界”的虚幻所迷惑，很难做出这样的变换。**（2）量化**。自然语言很难量化，所以表示成向量可以认为是一种新的量化方式。对于自然语言来说，把一个句子表示成向量，这个向量就真能代表它的语义信息吗？这是个值得思考的问题。

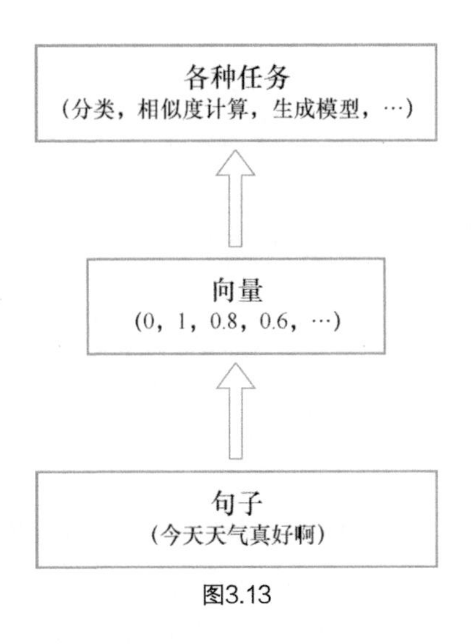

图3.13

3.5.3 词表示

词表示（Word Embedding）是一个很好的模型，而且我认为它也是目前 NLP 方面取得的最大进展（其他的尝试底层的输入几乎都是词向量），它相当于把词“表示”出了更丰富的信息，这样就有可能看到 bag of words 看不到的信息。

对于词的表示就是想办法把词表示成了一个向量。既然表示成向量了，那么两个词之间就可以计算相似性了（cosine）。词表示是通过神经语言模型来训练得到的（是语言模型的一个副产品，语言模型训练完了，词表示也有了）。目前大致有两种框架：NNLM 和 RNNLM。

最经典的 **NNLM**（Neural Net Language Model）当属 Bengio 于 2001 年发表的通过语言模型得到词表示的方法了，如图 3.14 所示。

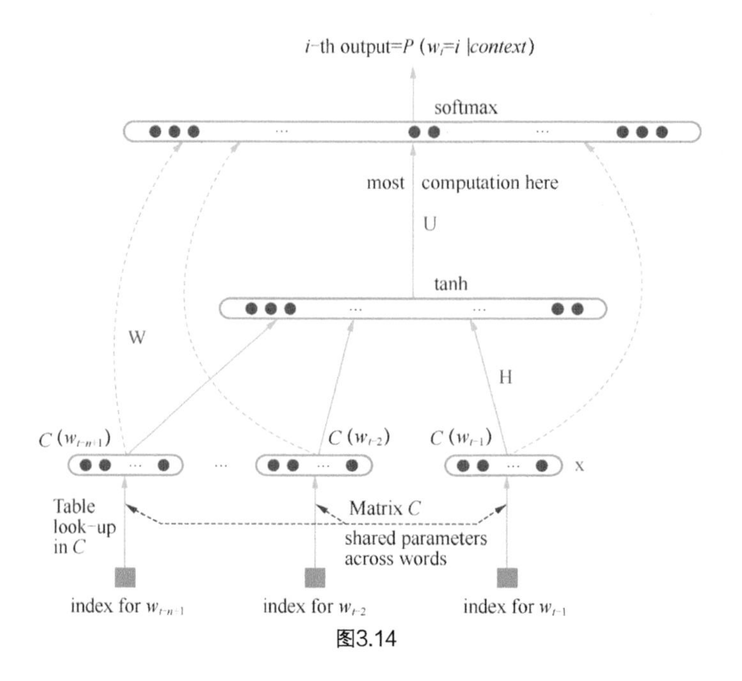

图3.14

这是一个三层语言模型（有的理解为四层，即把输入层分成了输入层和投影层），它根据已知的前 n−1 个词（$w_{t-n+1},\cdots,w_{t-1}$）来预测下一个词 w_t，$\boldsymbol{C}(w)$ 表示词 w 对应的词向量（$\boldsymbol{C}$ 就是所有词的词向量，是 $|V|\times m$ 的矩阵），$|V|$ 表示词的总个数，m 表示词向量的维数，h 表示隐藏层个数，U（$|V|\times h$ 的矩阵）是隐藏层到输出层的参数，W（$|V|\times(n-1)m$ 的矩阵）是输入层到输出层的参数。

整个网络的输出计算公式为

$$y = b + Wx + U\tanh(d + Hx)$$

来解释一下，网络的输入层就是根据前 n−1 词（$w_{t-n+1},\cdots,w_{t-1}$），找到它们在 $\boldsymbol{C}$ 中对应的向量（$\boldsymbol{C}(w_{t-n+1}),\cdots,\boldsymbol{C}(w_{t-1})$），然后连成一个 $(n-1)m$ 维的一维向量 x，即 $x = (\boldsymbol{C}(w_{t-n+1}),\cdots,\boldsymbol{C}(w_{t-1}))$。网络的隐藏层和普通神经网络一样做一个线性变换，然后取 tanh。网络的输出层总共有 $|V|$ 个节点，每个节点表示的就是根据已知的前 n−1 个词，下一个词是该词的概率，这个概率最后使用 softmax 进行归一化，即有（$b+Wx$ 表示从输入层到输出层直接

有个线性变换）

$$P(w_t \mid w_{t-n+1},..,w_{t-1}) = \frac{e^{y_{w_t}}}{\sum_i e^{y_i}}$$

那么，这个模型的参数为$\theta=(b,d,W,U,H,C)$，求解模型就可以使用梯度下降法求解了。

可以看出，这个模型的计算复杂度很高，尤其是隐藏层到输出层的那个大矩阵相乘，为了降低计算复杂度，就提出了一些改进的模型，例如下面的 **LBL**（Log-Bilinear Language Model），框架图如图 3.15 所示。

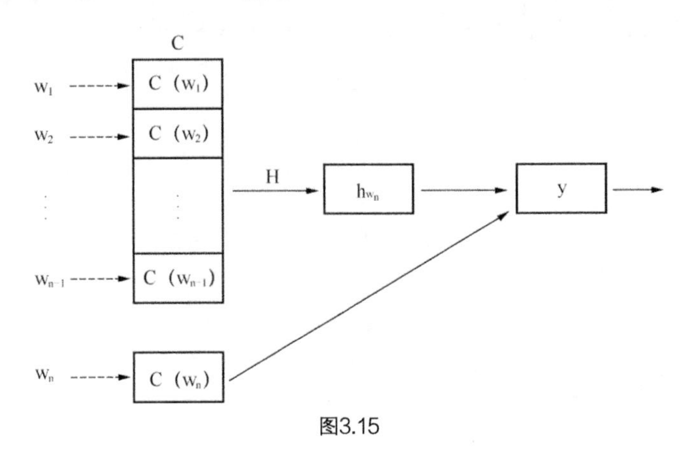

图3.15

它的网络的计算公式为

$$h_{w_n} = \sum_{i=1..n-1} H_i \times \boldsymbol{C}(w_i)$$

$$y = \boldsymbol{C}(w_i)^T h_{w_n}$$

$$P(w_n \mid w_{n-1},..,w_1) = \frac{e^{y_{w_n}}}{\sum_i e^{y_i}}$$

其中 $\boldsymbol{C}$(w) 就是词 w 对应的词向量。

这个模型其实很好理解。h 隐藏层就是前 *n*-1 个词经过 H 变换之后得来的，也就是前 *n*-1 个词经过 H 这个变换之后就可以用来预测第 *n* 个词。输出层是什么呢？就是隐藏层和第 *n* 个词本身做内积，内积是可以表示相似度的，也就是说输出层是隐藏层所预测的第 n 个词和真实的第 n 个词的相似度，最后用 softmax 把概率归一一下。

RNNLM（Recurrent Neural Net Language Model）和上面的方法原理一样，但是思路有些许不同，如图 3.16 所示。

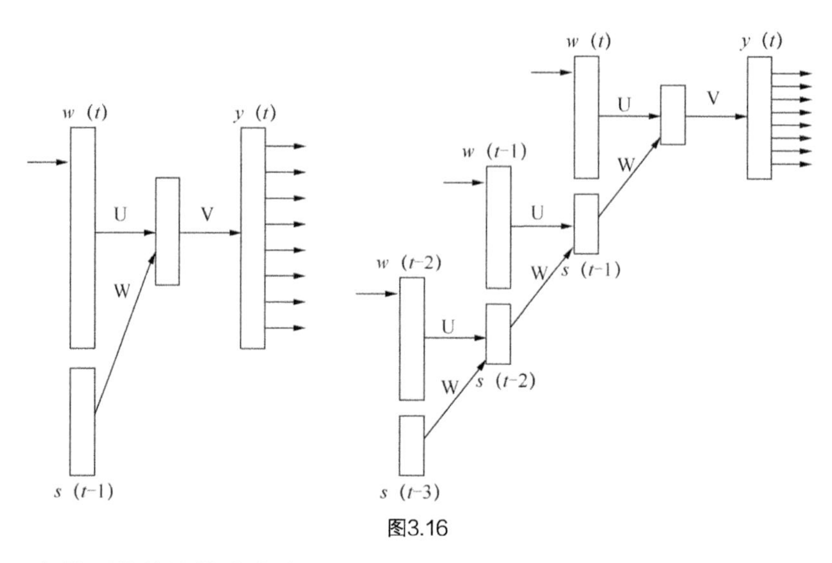

图3.16

它的网络的计算公式为

$$s(t) = \text{sigmoid}(Uw(t) + Ws(t-1))$$

$$P(w_{t+1} \mid w_t, s(t-1)) = y(t) = \text{softmax}(Vs(t))$$

其中，$w(t)$ 表示当前词 w_t 的向量。这个向量的大小就是所有词汇的个数，所以 $w(t)$ 是个很长的且只有一个元素为 1 的向量，$s(t-1)$ 是上次的隐藏层，$y(t)$ 是输出层，它和 $w(t)$ 具有相同的维数，代表根据当前词 w_t 和隐藏层对词 w_{t+1} 的预测概率。由于 $w(t)$ 只有一个元素为 1，所以 $Uw(t)$ 就是该词对应的词向量。整个过程就是来一个词，就和上一个隐藏层联合计算下一个隐藏层，然后反复进行这个操作，所以它对上下文信息利用得非常好。RNN 在后面还会详细介绍。

Google 的 Word2Vec 是直接训练词向量的，Tomas Mikolov 提出了两种方法：CBOW 和 skip-gram。CBOW 方法的训练目标是给定一个词的

context（通常给定一个窗口），预测该词的概率。在 skip-gram 方法中，训练目标则是给定一个词，预测该词的 context 的概率，作者在训练时用了一些 tricks，例如 Hierarchical softmax 和 Negative sampling，思路与图 3.17 的下图类似，在输出层的词汇量太大，导致计算量增大，所以要在输出层做分层减少计算量，short list 是高频词，top classes 和 sub-class 是对其他词的处理。

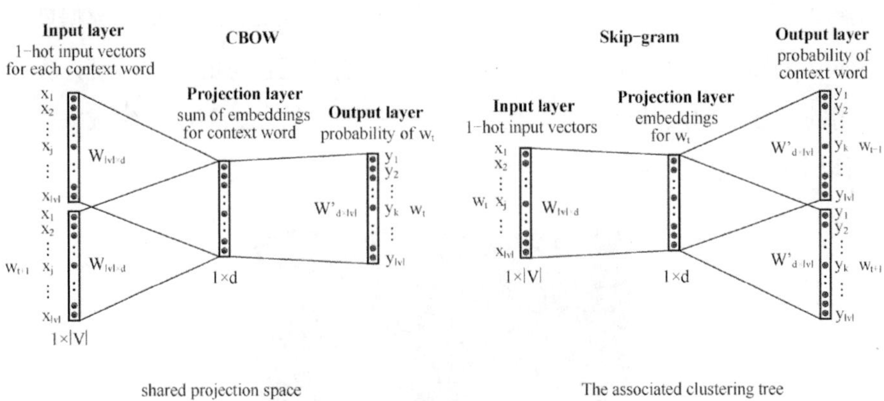

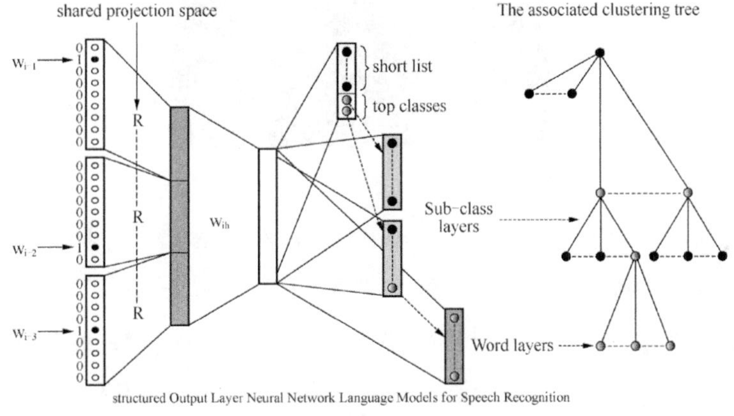

structured Output Layer Neural Network Language Models for Speech Recognition

图3.17

那么怎么评价词向量到底靠不靠谱呢？主要还是看它应用到具体任务的指标。既然将词表示成了向量，那么向量之间就可以计算内积、加减等运算，如果两个词有语义关系，那么它们就可以体现在向量上表示出来，就是计算内积（cosine）。我们尝试找一些词，然后找出和它 cosine 值最相似的 top 词看看结果，如图 3.18 所示（在 60GB 文本语料中训练得到），可以看出效果还可以。既然单个词可以计算相似度，那么很自然的想法就是对向量加减运算后也是向量，也可以计算相似性：C（中国）-C（美国）+C（华盛顿）的词向量应该和 C（北京）最相似。但是只能说热门词效果会比较好，对于不太常用的词效果也并不是很理想。这个主要和语料有很大关系，语料越大，那么词向量就越好。很显然，数据越多（大数据），对统计方法来说越有利，而且如果在同一领域（topic）内的话，数据就相对不会太稀疏，效果又会更好。所以一般我们处理任务的方法就是，先在通用的领域上完成某个任务，要想达到更好的效果，就要细分领域来处理（所以分类问题是任何领域都会涉及的问题）。

图3.18

词表示只能给一个词训练出一个向量，然而在实际应用中，一些词会有多个意思（例如苹果、小米等），那么一个向量就表示不了多个语义，所以我们设计了一个很简单的模型，我们把它称之为 **Word Multi-Embedding**，它可以训练出一个词的多个语义向量。那么怎么将词的丰富含义融合到词表示模型中呢？有这么几种方法。

（1）使用 Topic model 可以得到每个词在每个类别的概率，然后可以融合到词表示模型中，但是该方法对长尾词效果并不好。

（2）使用词聚类可以将词类别聚出来，而且可以得到聚类中心点，然后对每一个词都可以根据上下文归入某一类，然后融合到词表示模型中。

该方法训练速度很慢，而且该方法同方法（1）都有一个缺点，就是长尾类别没法聚出来。

（3）如果能事先挖掘出各个词属于某些类别的先验概率，那么也可以融合到词表示中，我们使用这种方法。

我们的模型流程如下。

Word Multi-Embedding 算法训练流程：

Input：数据集（D 个句子），句子窗口 n，上下文窗口 d；多义项词典

Output：词向量 $w_i, i=1..N$

```
for t = 1..D do
    K = word number of t’ s sentence
    w = lookup the K words
    for i = 1..K do
```

context $(w_i)=C^{w_i}=\{w_{i-d},..w_{i-1},w_{i+1},..w_{i+d} \mid w_i\}$

class $(w_i,z)=C^{w_i}=\{w_{i-d},..w_{i-1},w_{i+1},..w_{i+d} \mid w_i\}$

$z=argmax_z \sum_{a=1..2d} \sum_{b=1..m} S(C_a^{w_i}, Z_b^{w_i,z})$ //use cosine

$$\theta(b,d,W^{i,z},U,H,C)=\theta(b,d,W^{i,z},U,H,C)+\varepsilon\frac{\partial logP(w_{i,z} \mid w_{i-n+1},..,w_{i-1})}{\partial\theta}$$

图 3.19 所示是一些根据向量计算相似度的实验效果。

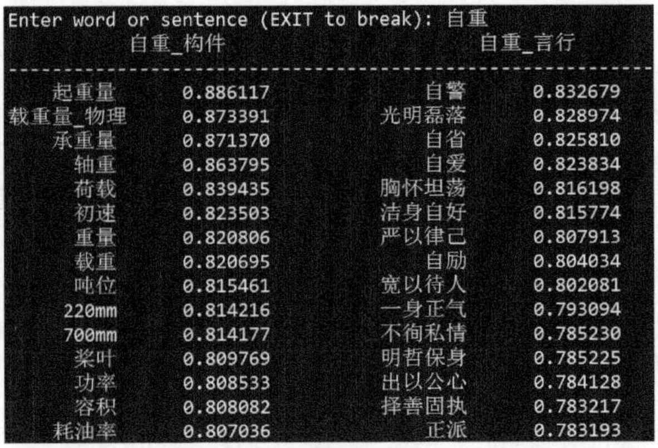

```
Enter word or sentence (EXIT to break): 自重
            自重_构件                              自重_言行
-----------------------------------------------------------------
     起重量        0.886117                 自警        0.832679
  载重量_物理      0.873391             光明磊落        0.828974
     承重量        0.871370                 自省        0.825810
       轴重        0.863795                 自爱        0.823834
       荷载        0.839435             胸怀坦荡        0.816198
       初速        0.823503             洁身自好        0.815774
       重量        0.820806             严以律己        0.807913
       载重        0.820695                 自励        0.804034
       吨位        0.815461             宽以待人        0.802081
      220mm        0.814216             一身正气        0.793094
      700mm        0.814177             不徇私情        0.785230
       桨叶        0.809769             明哲保身        0.785225
       功率        0.808533             出以公心        0.784128
       容积        0.808082             择善固执        0.783217
     耗油率        0.807036                 正派        0.783193
```

图3.19

```
Enter word or sentence (EXIT to break): 制服
          制服_式样                          制服_制伏
------------------------------------------------------------
     便装        0.930641           制伏        0.938556
     警服        0.914627           劫匪        0.910118
     便服        0.912806           歹徒        0.909464
     身穿        0.901339         破门而入      0.893938
     警装        0.893544           逃走        0.892542
    工作服       0.883687           逃跑        0.886329
    迷彩服       0.878245         束手就擒      0.885968
     身着        0.873902           行凶        0.883689
    厨师服       0.872912           抢匪        0.881547
     穿着        0.871052           匪徒        0.877356
     着装        0.862232           擒获        0.876738
    皮夹克       0.850473          持刀者       0.871989
    鸭舌帽       0.844225           凶器        0.867511
     夹克        0.840502         乘其不备      0.866660
    军绿色       0.840028           拒捕        0.865053
```

```
Enter word or sentence (EXIT to break): 苹果
          苹果_水果                          苹果_公司
------------------------------------------------------------
     土豆        0.896936           谷歌        0.897802
     香蕉        0.893269           戴尔        0.881227
     花生        0.891218           微软        0.878704
    圣女果       0.883681           惠普        0.869296
     西瓜        0.882138            rim        0.864034
     青枣        0.882046           zune        0.862256
     芒果        0.881503    realnetworks       0.858963
     香瓜        0.877793             pc        0.854004
     草莓        0.876297      alienware        0.853922
     桔子        0.873596           索尼        0.850880
     橘子        0.871722       appstore        0.849236
    哈密瓜       0.871591           palm        0.847549
    西红柿       0.869526         google        0.843413
     菠萝        0.867869         摩托罗拉      0.839573
     橙子        0.863555           dell        0.839144
```

图3.19（续）

目前词向量一般也有两种用法：（1）把词向量当做一个特征，加入到现有的 NLP 任务中。我们曾经尝试将词向量作为命名实体识别的一个额外特征，效果虽然有提升，但是并不像在图像和语音应用中那么明显，还需进一步探索。（2）直接把词向量作为神经网络的输入完成一些 NLP 任务，就像《Natural Language Processing (Almost) from Scratch》这篇文章的工作。我以词性标注任务简单介绍下这种方法的思路，如图 3.20 所示（比作者在论文中用的那个图要好理解）。首先要对一句话进行 lookup 操作，即寻找词的特征。词向量特征的大小是 50 维，紧接着有一个 5 维 caps 特征（是否大写，是否数字等），然后是一个 5 维后缀特征（最多 455 个），这就组成了每个词的输入特征（共 60 维）。然后经过 linear 操作，映射到隐藏层，它有 300 维大小；做一个 Handtanh 操作之后，还是使用 linear 操作映射到输出层，输出层中每个词的维数是 45（pos 有 45 个标记），最后经过 Viterbi 算法找到每个词的最佳 POS_TAG。这就是该论文使用深度学习来处理 NLP 任务的大致思路，其他任务也类似，大家可以详读一下该论文。

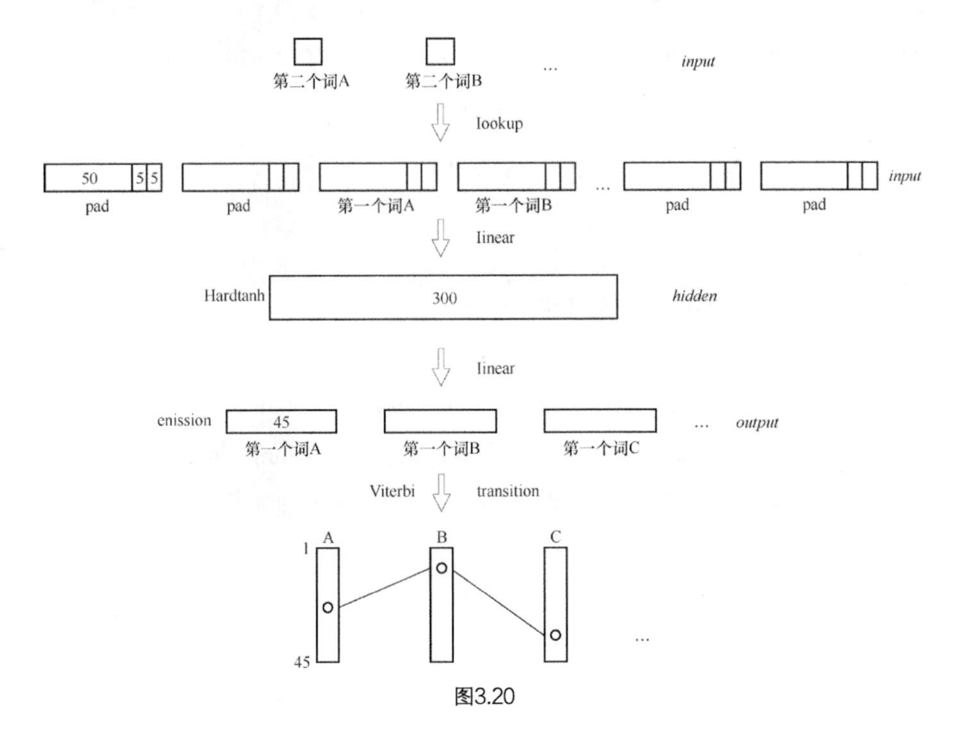

图3.20

3.5.4 句子表示

句子表示自然就是把句子表示成一个向量。当把词表示成向量之后，自然会有一种想法：句子由词组成，那么句子向量也可以用词的向量组合起来，于是就有了图 3.21 所示的两种方法了：第一种是直接将词向量累加去平均来表示句子向量；第二种其实是 2-gram 的方法。

将词向量组合成句子向量，直观上应该不能表示句子含义，所以加一些结构（例如，句法分析等）进去应该会能更好地表示句子，所以就有了 ReNN 模型（Recursive neural network，不同于 Recurrent neural network，仔细对比下图 3.16），如图 3.22 所示，应该一目了然了。

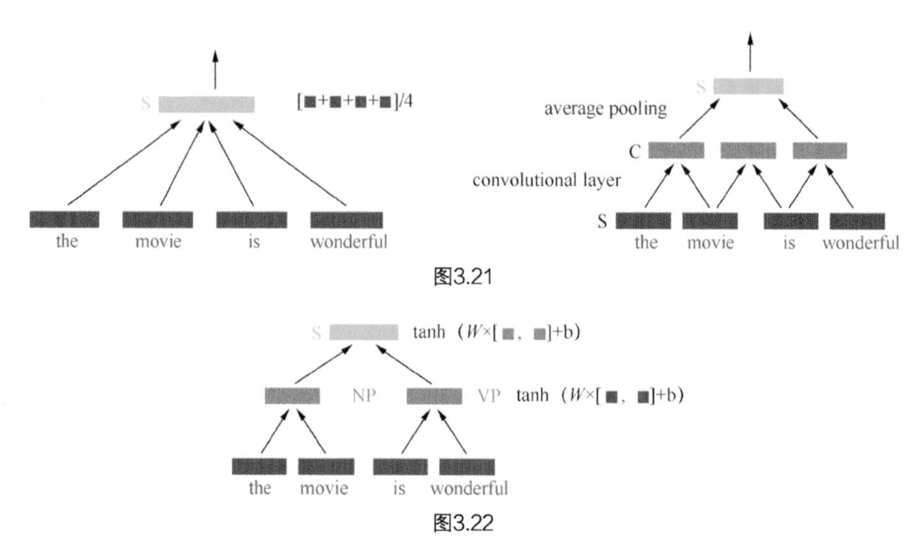

图3.21

图3.22

在《Distributed Representations of Sentences and Documents》和《A Model of Coherence Based on Distributed Sentence Representation》两篇论文中，计算句子向量的思路大致相同。图 3.23（a）是在计算词向量的时候给每个

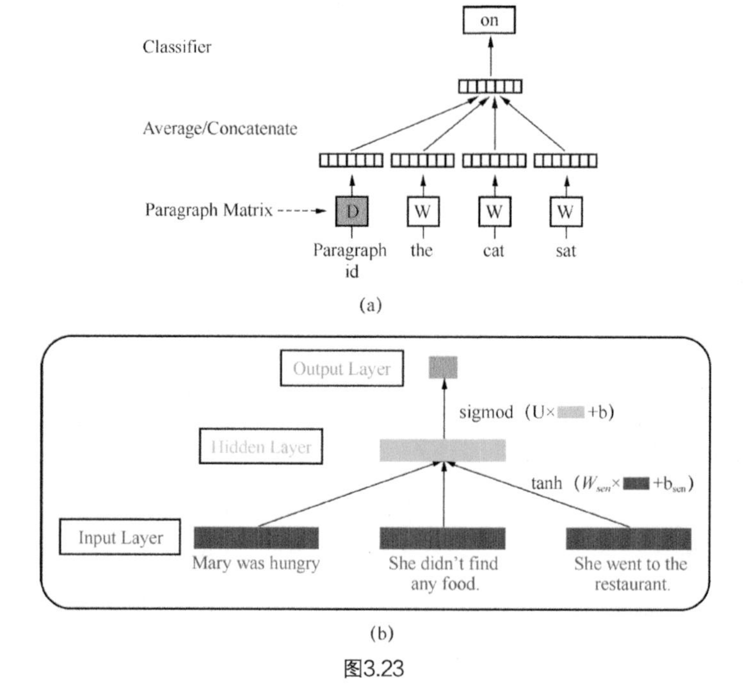

图3.23

句子前面赋予一个 id，这样这个 id 的向量就可以表示该句子的向量了；（b）就直接把句子当做一个整体来训练（相当于把句子看成词），这样就可以得到整个句子的向量了，但是这两种方法难以预测新句子的向量。

《Skip-Thought Vectors》提出了一种新颖的方法，思路也是来源于训练词向量，如图 3.24 所示。首先使用 RNN 将当前句子表示成一个向量，然后使用该向量预测它前后句子，使得概率最大。这个模型是可以得到新句子的向量的。

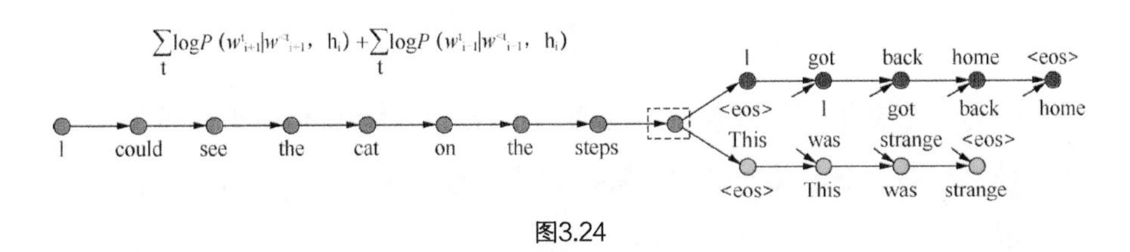

图3.24

这几种是较典型的计算句子向量的方法，当然还有很多其他方法。上面的有些方法是可以得到任意句子的向量的（图 3.21 左图和图 3.24），而有些方法是要和具体的一个任务相关（图 3.21 右图和图 3.22），也就是有监督的方法，得到句子向量只是其中的一个环节。我个人认为要想获得较好的句子向量应该是和任务相结合的，比如文本分类或者后面要说的生成模型或者相似度模型。

3.5.5 深度学习模型及其一些应用

鉴于近来深度学习取得了一些进展，这节重点介绍一下常用的一些深度学习模型及其一些具体应用。

3.5.5.1 损失函数和学习方法

先介绍一下深度学习一般使用的损失函数和学习算法，前面在介绍机器学习时已经讲过一些，现在主要围绕深度学习再简单介绍一下。

在 RNN 模型的应用中，一般使用交叉熵作为损失函数。

$$E^t(\theta) = -\sum_{j=1}^{|V|} y_{t,j} \times \log(\tilde{y}_{t,j})$$

$$E = -\frac{1}{T}\sum_{t=1}^{T} E^t(\theta) = -\frac{1}{T}\sum_{t=1}^{T}\sum_{j=1}^{|V|} y_{t,j} \times \log(\tilde{y}_{t,j})$$

其中，y 是真实词，$\tilde{y}$是预测词，$|V|$ 表示词汇大小，$\tilde{y}$一般是一个 softmax 函数。对于文本来说，y 一般都是 $|V|$ 维的 one hot 向量（[0,0,1,0,…]），这时候交叉熵损失函数其实就等价于对数似然函数（j 表示 t 时刻真实词的位置）

$$E = -\frac{1}{T}\sum_{t=1}^{T} \log(\tilde{y}_{t,j})$$

学习算法有很多种，前面讲的梯度下降法或者 mini-batch 梯度下降法就是较常用的算法。然而梯度下降法速度太慢，所以有一些优化算法，如下所示。

动量法：它对当前迭代的更新中加入上一次迭代的更新。

$$\nabla\theta_t = \theta_t - \theta_{t-1}$$
$$\theta_t = \theta_{t-1} + (\rho\nabla\theta_t - \lambda g_t)$$

其中，ρ 为动量因子，一般为 0.9，λ 是学习率，g_t 就是梯度。

AdaGrad 是自适应地为各个参数分配不同学习率的算法。

$$\theta_t = \theta_{t-1} - \frac{\rho}{\sqrt{\sum_{i=1}^{t} g_t^2 + \epsilon}} g_t$$

其中，ρ 为学习率，一般为 0.01，ϵ 一般取很小的值 e^{-6}。

AdaDelta 是用一阶的方法近似模拟二阶牛顿法的算法。

$$E(g^2)_t = \rho E(g^2)_{t-1} + (1-\rho)g_t^2$$
$$\nabla\theta_t = -\frac{\sqrt{E(\nabla\theta^2)_{t-1} + \epsilon}}{\sqrt{E(g^2)_t + \epsilon}} g_t$$
$$E(\nabla\theta^2)_t = \rho E(\nabla\theta^2)_{t-1} + (1-\rho)\nabla\theta_t^2$$
$$\theta_t = \theta_{t-1} + \nabla\theta_t$$

其中，ρ 为衰减系数，一般为 0.95，ϵ 一般取很小的值 e^{-6}。

Rmsprop 是 Hinton 提出的一种也可用于 mini-batch learning 上而且效果很不错的训练算法。

$$v_t = \rho v_{t-1} + (1-\rho) g_t^2$$

$$\theta_t = \theta_{t-1} + \lambda \frac{g_t}{\sqrt{v_t^2 + \epsilon}}$$

其中，ρ 一般为 0.9，λ 一般为 0.001，ϵ 一般取很小的值 e^{-6}。

3.5.5.2 RNN

前面我们介绍了 BP 神经网络，它每层之间的节点没有任何连接，这样对很多需要依赖上下文信息的问题就束手无策，比如在语言模型中，要预测下一个词是什么，必须依赖于前面的词。RNN（Recurrent Neural Network，循环神经网络）模型能较好地利用上下文信息，它的隐藏层之间是直接连接的，也就是说当前隐藏层的输入不仅包括当前输入层，而且还包括先前的隐藏层，如图 3.25 所示，它的公式为

$$h_t = \delta(\mathrm{W}x_t + \mathrm{U}h_{t-1}) \quad \text{// 隐藏层}$$

$$\tilde{y}_t = f(Vh_t) \quad \text{// 输出层}$$

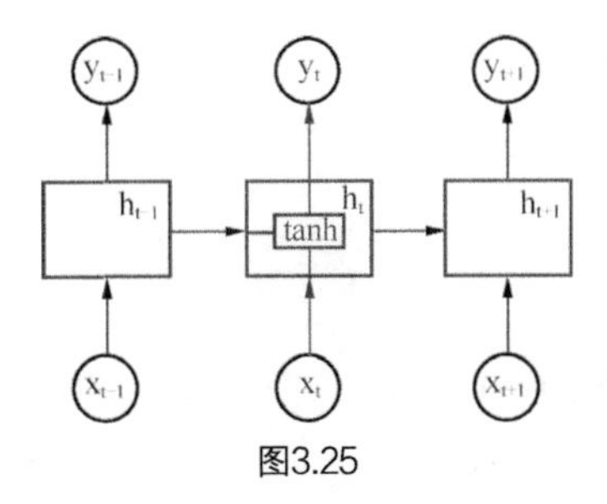

图3.25

RNN 的训练一般使用 BPTT（BackPropagation Through Time）算法，代码可以在网上找到[①]。但是在误差计算的过程中会出现**梯度爆炸**和**梯度消失**问题（论文《On the Difficulty of Training Recurrent Neural Networks》中

① http://www.wildml.com/2015/09/recurrent-neural-networks-tutorial-part-2-implementing-a-language-model-rnn-with-python-numpy-and-theano。

有详细的证明）。梯度爆炸问题比较容易解决，Mikolov 提出了一种很简单的解决方案：当梯度超过某一个阈值的时候，就给它赋予一个小的值。至于梯度消失问题（就是对长期依赖问题处理不好，也可以理解为对较远一点的上下文记忆不好），就需要有更好的模型来处理，例如，接下来要讲的一些变种模型。

3.5.5.3 RNN变种模型

LSTM（Long-Short Term Memory）网络是专门设计用来避免长期依赖的，它可以说是一种优化的 RNN，它和 RNN 的区别就是在隐藏层的设计。

LSTM 在隐藏层引入了一些新的概念：细胞单元（Cell）和门（Gate），细胞单元是利用**先前的状态 $\boldsymbol{h_{t-1}}$** 和**当前的输入 $\boldsymbol{x_t}$** 产生的新的信息；门其实就是一个开关，它决定哪些信息通过或者通过多少，就像我们日常生活中门的作用一样，门开了可以通过，门关了不能通过。它的隐藏层结构如图 3.26 所示。

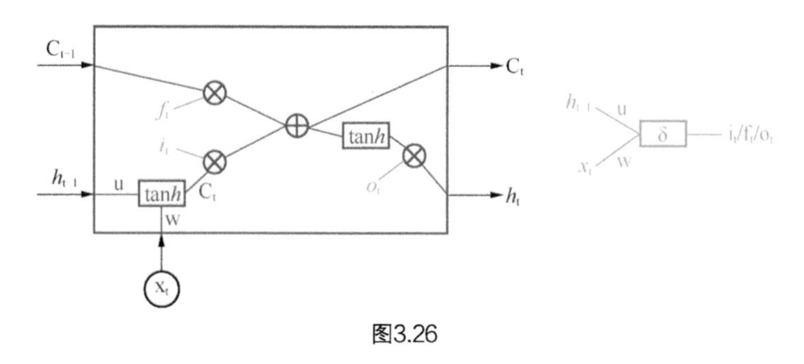

图3.26

$f_t = \delta(W^f x_t + U^f h_{t-1})$ // 遗忘门，决定之前的细胞单元的重要程度

$o_t = \delta(W^o x_t + U^o h_{t-1})$ // 输出门，决定多少细胞单元需要输出到新的状态去

$i_t = \delta(W^i x_t + U^i h_{t-1})$ // 输入门，决定新的细胞单元的重要程度

$\tilde{C}_t = \tan h(W^c x_t + U^c h_{t-1})$ // 新的细胞单元，存储了新的信息

$C_t = f_t \circ \tilde{C}_{t-1} + i_t \circ \tilde{C}_t$ // 用之前的细胞单元和新的细胞单元更新当前的细胞单元

$h_t = o_t \circ \tan h(C_t)$ // 把新的细胞单元输出到当前状态

$i_t/f_t/o_t$ 其实可以理解为是超参数，就像线性回归中每个变量前的参数一样，它决定当前变量的重要程度，而在这里，这个超参数也是由当前的输入和先前的状态共同决定的。图中的 × 和＋以及公式中的∘都是逐点操作符号。代码可以在网上找到[①]。

GRU（Gated Recurrent Unit）是 2014 年的《Learning Phrase Representations using RNN Encoder–Decoder for Statistical Machine Translation》一文提出来的一种更简单的变种模型，它不但可以有效避免梯度消失，而且有着比 LSTM 更加简单的网络结构，它的隐藏层结构如图 3.27 所示。

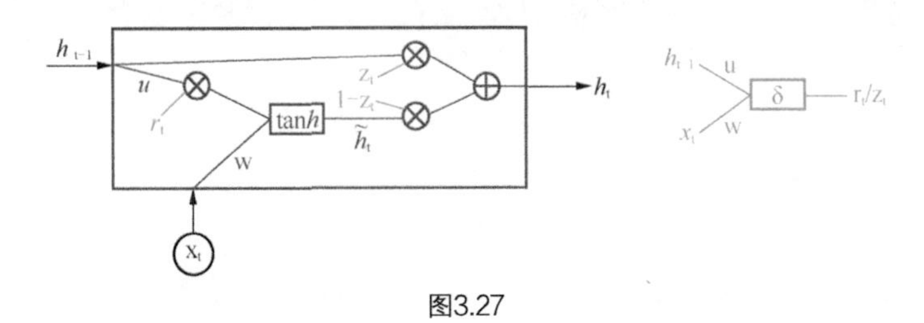

图3.27

$z_t = \delta(W^z x_t + U^z h_{t-1})$ // 更新门，决定先前的状态有多少会传输到新的状态

$r_t = \delta(W^r x_t + U^r h_{t-1})$ // 重置门，决定先前的状态有多少会影响到新的记忆单元

$\tilde{h}_t = \tanh(Wx_t + r_t \circ Uh_{t-1})$ // 新的记忆单元

$h_t = (1 - z_t) \circ \tilde{h}_t + z_t \circ h_{t-1}$ // 新的记忆单元和先前的状态共同决定当前的状态

r_t/z_t 和 LSTM 中的门一样，可以理解为是超参数。

CW-RNN（Clockwork RNN）是 2014 年《A Clockwork RNN》一文新提出来的一种改进的 RNN 模型，在原论文中 CW-RNN 不论从计算性能还是效果上都好于 RNN 和 LSTM。CW-RNN 在隐藏层引入了时钟频率来解决长期依赖问题。CW-RNN 也是由输入层、隐藏层和输出层组成，不同于 RNN 的是，隐藏层的神经元被划分为若干个组，设为 g。每一组中的神经

① https://gist.github.com/neubig/ff2f97d91c9bed820c15 和 https://github.com/0joshuaolson1/lstm-g/blob/master/LSTM_g.py。

元个数相同，并且给每一个组分配了一个时钟周期$T_i \in \{T_1, T_2, \ldots, T_g\}$，每一个组中的所有神经元都是全连接，但是组 j 到组 i 的循环连接要满足 $T_j > T_i$，假设时钟频率是递增的从左到右，那么组间连接便是从右到左，如图 3.28 所示。

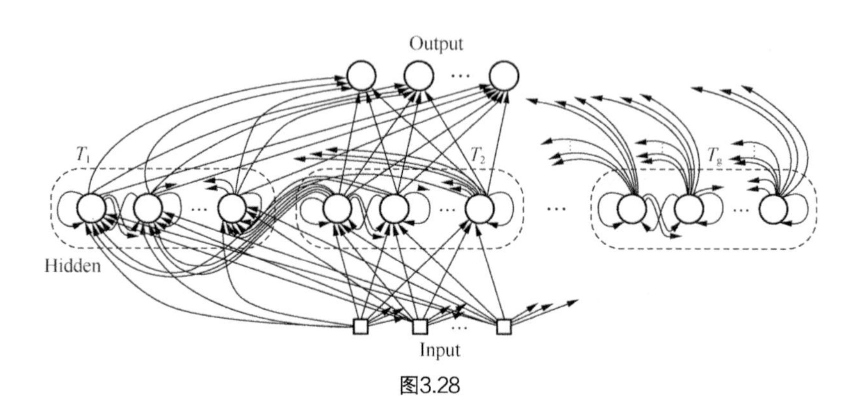

图3.28

再看一下上面 RNN 的计算公式，CW-RNN 中，在第 t 步时，只有那些满足（$t \bmod T_i$）$= 0$ 的隐藏层组才会被执行。原论文中 $T_i = 2^{i-1}$，$i \in [1, \ldots, g]$，即 {1,2,4,8,⋯}，因此 W 和 U 就被分成了 g 块

$$W = \begin{bmatrix} W_1 \\ \ldots \\ W_g \end{bmatrix} \qquad U = \begin{bmatrix} U_1 \\ \ldots \\ U_g \end{bmatrix}$$

在每一步计算中，W 和 U 只有部分组会被执行，其他的都为 0，即：

$$W_i = \begin{cases} W_i, & for(t \bmod T_i) = 0 \\ 0, & otherwise \end{cases}$$

对应组的 y 也才会有输出，其他的隐藏层保留上一步的状态。也就是说，周期小的组保留输出长期依赖信息，而周期大的组则聚焦在处理当前局部信息。

介绍了这么多网络，本质上都是 RNN 的优化，那么这么多变种网络哪种最好呢？论文《LSTM: A Search Space Odyssey》对各种著名的变种网络进行了对比，其实都差不多。

LSTM 是 RNN 的很重要的优化，那么还有什么改进呢？目前很重要的一个思想就是 Attention-based。例如 LSTM 等在文本的应用中，最终都通过 LSTM 把输入转化为一个 state 向量（encoder），然后对这个 state 向量进行生成或者其他处理（decoder）。但是这就有一个很明显的缺点：context 越大，表示成固定的向量后损失的信息就越多。而事实上，在 decoder 的时候，完全可以利用 state 向量和已经知道的 context 信息，而且并不是所有 context 信息都有用，只有部分 context 信息会对下一状态产生影响，这就是 attention，选择合适的 context 生成下一状态。实现中，attention 就是一个和 context 长度一样的向量，它的权重代表该 context 对于当前时刻的重要程度。这就是 Attention-based 思想。大致的框架如图 3.29 所示，也就是在预测新的词的时候不仅需要前一时刻的词，还需要权重结合的输入序列的信息。

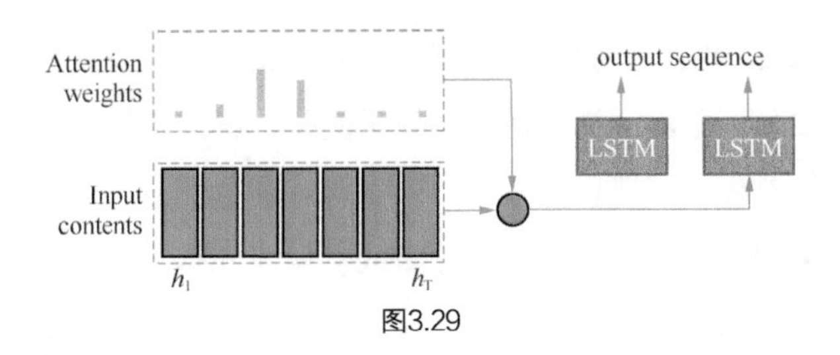

图3.29

论文《Neural Machine Translation by Jointly Learning to Align and Translate》最先提出 Attention 思想，如图 3.30 所示，作者使用了 BiRNN（$h_j = [\overrightarrow{h}_j^{T}; \overleftarrow{h}_j^{T}]^{T}$），但这不是重点，重点是 Attention，每一步 y，都依赖于前一步 y 和权重结合的输入。

Attention 思想是一个很重要的模型优化，但是模型角度的优化更多的是信息的再分配，而从工业应用的角度，我个人更倾向于在模型中**加入先验信息**的优化，这样会导致信息的增加。例如论文《Contextual LSTM (CLSTM) Models for Large Scale NLP Tasks》，以后必然也会出现各种加入不同的先验信息的论文。

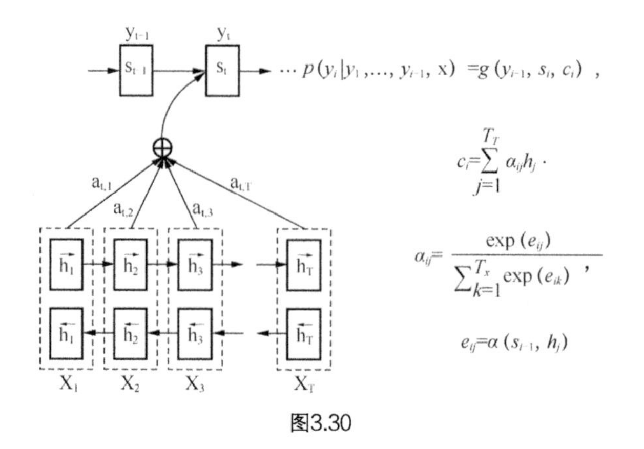

图3.30

深度学习框架简单清楚，但是要想得到好的模型（避免过拟合，训练速度快等），在实际操作的时候就会需要很多的技巧，这需要读者结合自己的任务来具体操作。

（1）正则化，比如 L1 或者 L2 正则。

（2）Dropout，也就是说每次随机把一些神经元剔除掉，不对它们进行更新。

（3）增加验证集，如果验证集上效果变差，就停止训练；

（4）增加并仔细筛选训练数据。

（5）权重初始化，一般用高斯分布或者均匀分布。

（6）各种调参。Batch 的大小、各层神经元的数量、dropout 的比例以及学习速率等等。

（7）激励函数的选择，比如 ReLU 等。

（8）在做文本任务的时候，如果词汇量太大，最后一层计算 Softmax 的分母时计算量太大，所以对 Softmax 有一些优化方法，如 Hierarchical softmax、Noise Contrastive Estimation、Approximate softmax，我个人更喜欢 Approximate softmax 方法。

3.5.5.4 CNN

CNN（Convolutional Neural Network，卷积神经网络）是一个在图像领域很成功的一个模型，不同于 BP 这种全连接神经网络，CNN 通过卷积层来替代全连接，这样的好处是可以感知局部区域和权重共享，在卷积层之后是一个下采样层（subsampling 或者叫 pooling），下采样层可以降低特征维数，避免过拟合，在经过一系列的卷积层和下采样层交替后，相当于提取出了样本的抽象特征，然后是全连接层输出最终的结果，如图 3.31 所示。CNN 的两个核心卷积层和下采样层的计算示例如图 3.32 所示，一看就明白了。

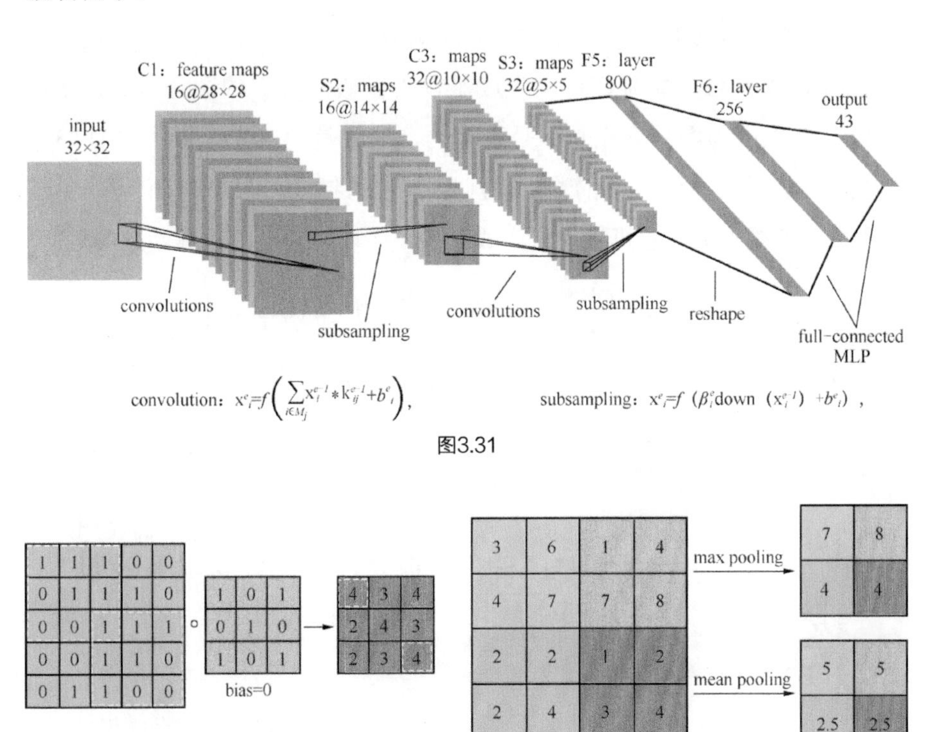

图3.31

图3.32

CNN 在图像上取得了很好的效果，好多人也把 CNN 用在文本上，比如文本分类，句子表示等任务上，也有一定的效果。

3.5.5.5 GAN

GAN（Generative Adversarial Networks，生成对抗网络）是 2014 年

由 Bengio 实验室新提出的一种思想很好的模型（参见论文《Generative Adversarial Nets》），所以在这里也简单介绍一下，如图 3.33 所示。GAN 需要同时训练两个网络：G（Generator，生成网络）和 D（Discriminator，判别网络）。G 网络输入一个随机噪声 z，生成一个伪图片，记为 $G(z;\theta_g)$；D 网络它对输入的图片 x 判别真伪，记为 $D(\mathrm{x};\theta_d)$，在训练过程中，G 的目标就是尽量生成真实的图片去欺骗 D，而 D 的目标就是尽量把 G 生成的图片和真实的图片区分开来。其实，G 和 D 就构成了一个动态的“博弈过程”。不断调整 D 和 G，直到 G 可以生成足以“以假乱真”的图片 $G(z)$，D 难以判定 G 生成的图片究竟是不是真实的，也就是说首先要极大化 D 的判别能力，然后极小化将 G 的输出判别为伪图片的概率。这样我们得到了一个生成式的模型 G，它可以用来生成图片。所以该模型的目标函数就是

$$min_G max_D \frac{1}{m}\sum_{i=1}^{m}\left[\log D(x^i)+\log(1-D(G(z^i)))\right]$$

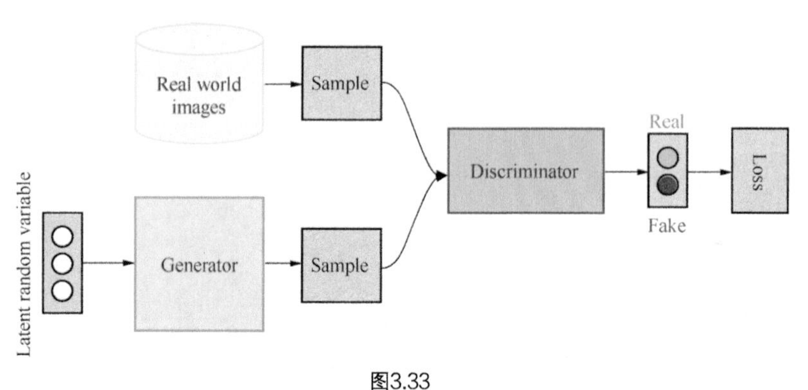

图3.33

GAN 训练的时候分两步：

1．更新 θ_d（梯度上升法）

for i = 1 : k

采样真实数据 $x = x^1, x^2, \cdots, x^m$ 和伪图片数据 $z = z^1, z^2, \cdots, z^m$

计算：$\nabla_{\theta_d} \frac{1}{m}\sum_{i=1}^{m}\left[\log D(x^i)+\log(1-D(G(z^i)))\right]$

2．更新 θ_g（梯度下降法）

采样伪图片数据 $z = z^1, z^2, \cdots, z^m$

计算：$\nabla_{\theta_g} \frac{1}{m} \sum_{i=1}^{m} \log(1 - D(G(z^i)))$

论文《Generative Adversarial Networks:An auerview》总结得很不错。这个 PPT[①] 总结了训练 GAN 的一些技巧，非常有借鉴意义。GAN 提出的背景是为了更好地分类加过噪声的图片问题，它在视觉上有不错的效果，而且这个模型的思想是非常棒的，但是在文本上目前还没见明显的作用。我个人觉得在生成式对话上还是有可能提升的，相信很多人会不断进行尝试。

3.5.5.6 深度学习模型的一些应用

LSTM 模型可以很好地利用上下文，所以它在语音识别、图像处理等领域都有一些不错的效果，在 NLP 领域最多的是在机器翻译、摘要提取、阅读理解和对话系统等这几个领域的尝试，这几个领域其实都是自然语言生成问题，最终结果都是输出一句话（这是深度学习和传统模型思想有很大差异的地方）；当然还有在分类任务和序列标注（前面介绍过了）以及搜索引擎和推荐系统（后面会介绍）中的尝试，我们来介绍几个具体的应用。

1．对话模型

机器翻译的任务就是给定一句话，然后生成另一句话，这样就可以使用 LSTM 模型（NMT，Neural Machine Translation），如图 3.34 所示（该图源自论文《Sequence to Sequence Learning with Neural Networks》），首先使用一个 RNN 模型把输入句子“ABC”表示成一个向量，然后把这个向量作为另一个 RNN 模型的输入，最后使用语言模型生成目标句子“WXYZ”。

有些人使用这种机器翻译的思路来做对话，例如，论文《A Neural Conversational Model》或《Neural Responding Machine for Short-Text Conversation》，

① https://github.com/soumith/talks/blob/master/2017-ICCV_Venice/How_To_Train_a_GAN.pdf。

因为简单的来看，对话也是给定一句话，生成一句话作为回复，思路大致是一样的。

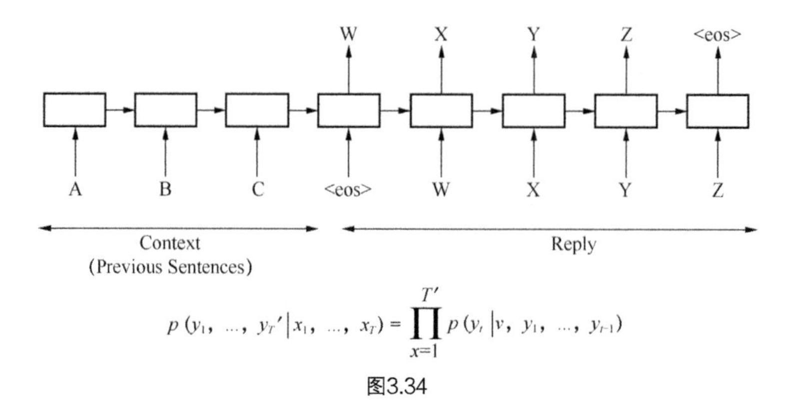

$$p(y_1, \ldots, y_{T'} | x_1, \ldots, x_T) = \prod_{x=1}^{T'} p(y_t | v, y_1, \ldots, y_{t-1})$$

图3.34

但是上面的工作并没有把上下文输入到模型中，所以这两篇文章《Attention with Intention for a Neural Network Conversation Model》和《A Neural Network Approach to Context-Sensitive Generation of Conversational Responses》就把上下文信息以不同的方式输入到了模型中，如图 3.35 和图 3.36 所示。但是对输入多少轮的上下文合适并没有很好地解释，而利用多少轮的上下文信息必然会对当前的输入有很重要的影响，这就会引出另一个问题：判断某句子是否话题结束，也就是说当某一轮表示某一个话题结束了，它之前的上下文就可以不用利用进来。

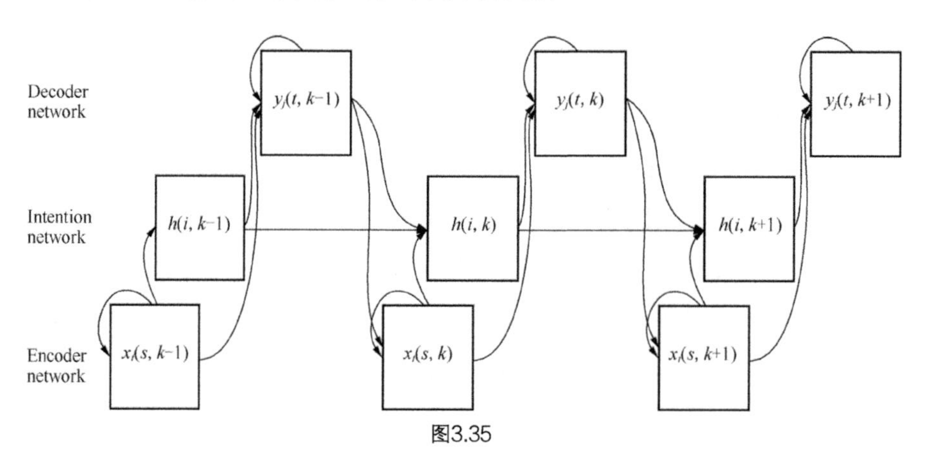

图3.35

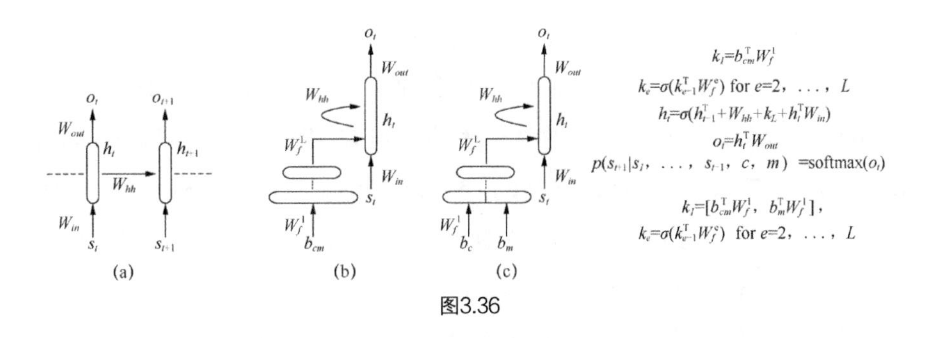

图3.36

图 3.35 中 k 表示每一轮，图中是三轮对话的示例图，encoder network 是对输入的表示，intention network 就是对意图的表示，它依赖于前一轮的输出和当前轮的输入，decoder network 就是回复的生成，依赖于前一轮的意图和前一轮的输入。

图 3.36 中（a）模型直接将上下文 c 和当前输入 m 连接成一个句子 s 作为 RNN 的输入训练，自然对长上下文不好；（b）模型是将上下文 c 和当前输入 m 一块儿表示成一个 b_{cm}，然后再嵌入到模型中，这样并没有区分上下文和当前输入的作用；（c）模型是将上下文 c 和当前输入 m 分别表示成 b_c 和 b_m，然后再嵌入到模型中。

这种端对端的方法模拟对话时有一些缺陷，例如前后回答不一致、只能学习到一些泛泛的高频回复（“我不知道”“呵呵”等）。为了提高回复的多样性，有些人就开始优化。论文《A Diversity-Promoting Objective Function for Neural Conversation Models》中，作者不在使用原来的语言模型作为目标函数，使用 MMI（Maximum Mutual Information）作为目标函数来提高多样性；论文《Sequence to Backward and Forward Sequences: A Content-Introducing Approach to Generative Short-Text Conversation》中，作者在生成回复的时候，首先使用 PMI（Pointwise Mutial Information）预测一个名词，然后使用两个网络分别生成名词前半部分和后半部分，如图 3.37 所示。论文《Deep Reinforcement Learning for Dialogue Generation》中，作者引入了增强学习，他有 3 个指标作为奖励：（1）产生的回复尽可能不要有高频无意义回复（作者收集了一些高频回复）；（2）尽量不要和之前的回复重复；（3）使用 MI 尽量使回复更有相关性。论文《A Persona-Based Neural Conversation Model》中，作者把用户属性引入到了模型中。论文《Incorporating Unstructured Textual Knowledge Sources into Neural Dialogue Systems》 中，作者把知识引入到了模型中。论文《On-line Active Reward Learning for Policy Optimisation in Spoken Dialogue Systems》中，作者引入在线反馈来优化对话策略。我相信后续还会有更多的模型出来。

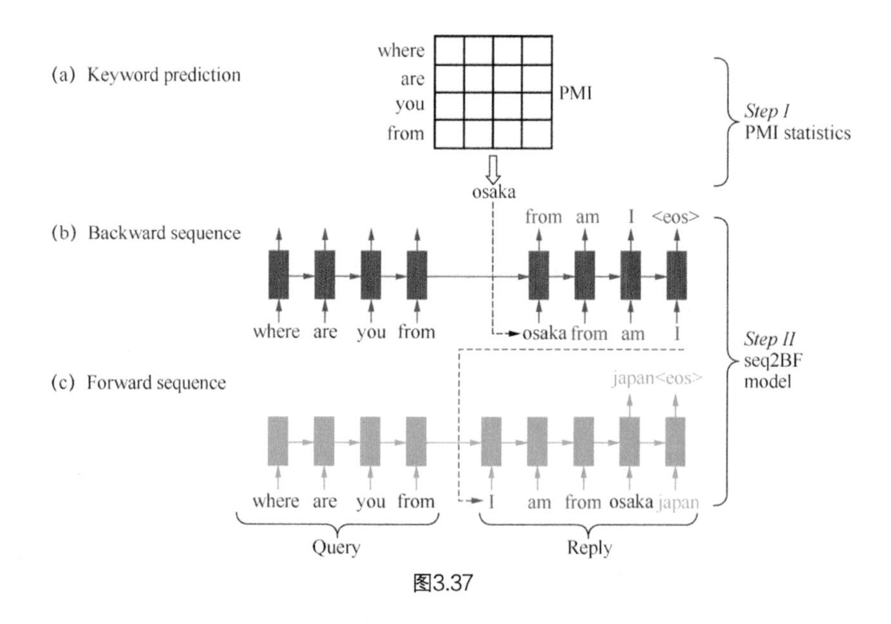

图3.37

机器翻译问题是有明确的目标，也就是翻译的句子几乎是确定的；QA问题（更多的是知识性问答）也是有明确的答案；而对话问题则不同，回复不但取决于对方说的话，还依赖于语境以及回复人的知识、经验、性格等，同一句话可以有许多种回复，也就是说目标函数不清晰，所以这种端对端的方法模拟对话必然有缺陷。

2．阅读理解模型

接着说说阅读理解式的 QA 问题，给定一些事实和一个问题，输出正确答案，目前能用模型回答的问题比较简单，大多答案都是一个词，例如，“为什么”类型需要总结和推理的机器还是很难解决。现在主流的解决方案是利用 IR 技术，例如 IBM Watson，先从大量文档里面使用 IR 技术检索出候选集，然后使用一些 NLP 技术抽选出最终答案。论文《Deep Unordered Composition Rivals Syntactic Methods for Text Classification》提到作者的模型效果不如基于 wikipedia 的 IR 方法。

Facebook 在论文《Memory Network》中提出了一种简单数据集上的解决思路，它的核心思路和主流解决方案是一样的，先找到候选集，然后使用模型训练出最佳答案，不同的是使用神网络表示候选集并抽取答案。Memory network 就是在网络中加入了 **Memory 组件**，在自己构建的简单的故事中回答问题。它包括五个组件：**记忆单元 M**（它是一个向量集合 m，facebook 的训练集的故事都是由若干句子组成，输入也是句子，所以论文中使用整个句子作为输入，也就是把整个句子映射成向量存储到未被分配的记忆单元中，论文也讨论了不是整个句子，而是连续单词的方法）；**I 组件**（将输入句子映射成向量表示 x）；**G 组件**（更新记忆单元中的信息，论文中就是直接存储新向量到记忆单元，老的记忆单元并没有更新）；**O 组件**（在记忆单元中根据输入找到潜在的输出向量 m_o，它可以是一个也可以是多个，论文中是两个。这个就是相当于检索的过程，使用 $\text{match}(x,y) = x^{\text{T}}U^{\text{T}}Uy$ 公式找到和输入向量 x 最匹配的某一个记忆单元 m_o，如果记忆单元太大的话，就需要一些技巧加速查找，比如使用 Hash 的方法等）；**R 组件**（将输出向量转化为可读性的文本答案 r，既然知道了输入向量 x 和输出向量 m_o 了，那么其实就是使用同样的 match 算法找到和 $[x,m_o]$ 最匹配的一个单词 w 作为答案 r，这两个 match 公式中的 U 就是需要学习的参数。其实根据 $[x,m_o]$ 来预测最终答案 r，这就是类似于语言模型，计算 $p(r|[x,m_o])$，就可以使用 RNN 来训练）。

在另一篇论文《End-To-End Memory Networks》中，其采用的模型更

加简单简洁，如图3.38所示，它同Memory Network的区别在于不需要知道潜在的事实的支撑点（O组件）。给定memory集合$\{x_1,x_2,\cdots,x_n\}$（n是固定的一个值，论文中是50）和问题q，给出答案a，首先使用矩阵A和B分别把x_i和q映射成m_i和u，然后就可以计算x_i和q的相关度$p_i=\text{softmax}(u^Tm_i)$；每个$x_i$又对应一个输出向量$c_i$，这样从memory的输出向量就是$o=\sum_i p_ic_i$，最终的答案就是$\hat{a}=\text{softmax}(W(o+u))$，使用交叉熵训练模型。

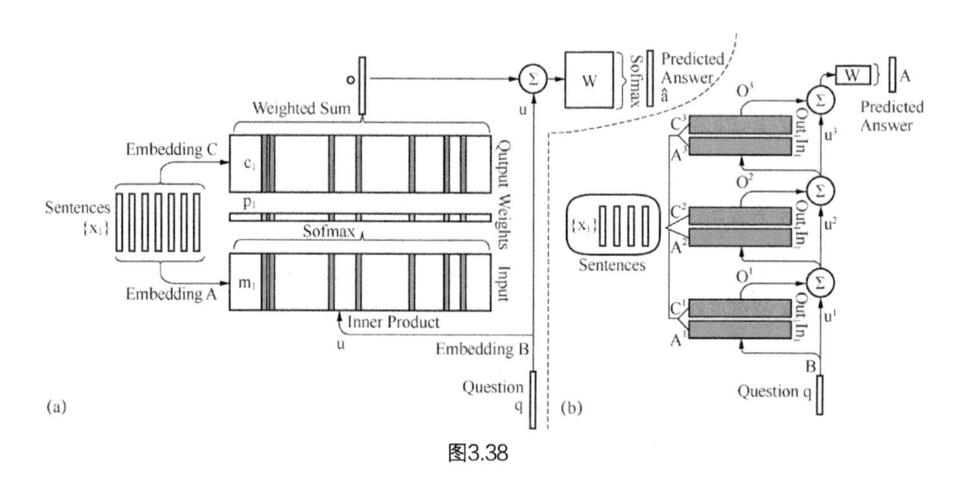

图3.38

在论文《Teaching Machines to Read and Comprehend》中，作者的输入同memory network是不同的，他将文档和问题（都经过NLP处理后）连续地输入到LSTM中，然后预测答案是什么。他构造了三个模型，如图3.39所示，（c）就是双层Deep LSTM模型；（a）是在LSTM上引入了attention机制，图中的s(t)就是attention向量，用来表示该y(t)是否重要，s(t)是由y(t)和u共同决定的（$s(t)=\exp(W_1^T\tanh(W_2y(t)+W_3u))$），最终的向量g就由r和u共同决定（$g=\tanh(W_4r+W_5u)$）；（b）相比于（a）复杂一点，它在读入Query中每个token的时候，还会再去重读每个document，这样就多产生Query长度个r，最终的向量g就由这些r和u共同决定。

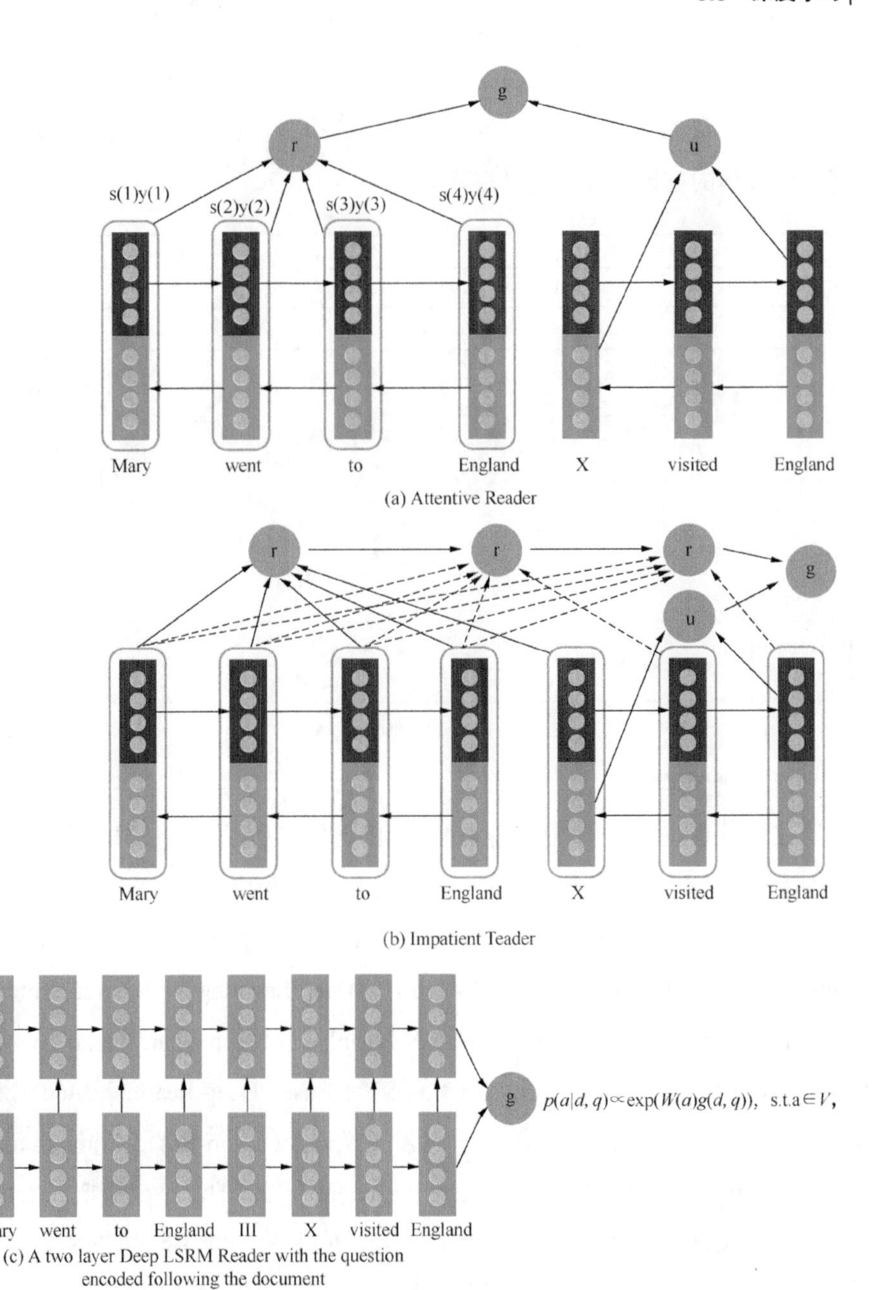

图3.39

《Text Understanding with The Attention Sum Reader Network》论文的思路如图 3.40 所示，它首先将文档经过双向 GRU，把每个词表示成一个向

量，然后把问题经过双向GRU表示成的向量与文档中的每个词进行点积运算，概率最高的就是答案。可以看出，这个方法就是找答案是一个词或者一个实体的问题，而且模型很简单。

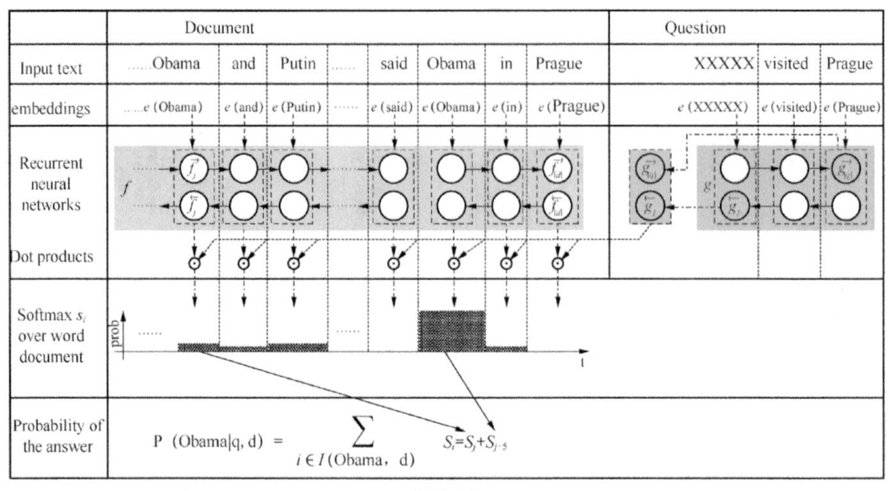

图3.40

3．匹配模型

在问答系统中，我们要找到最精确的答案，所以需要计算问题和答案的匹配程度，因为深度学习还有一类探索方向是使用深度学习对候选答案做匹配，例如论文《The Ubuntu Dialogue Corpus: A Large Dataset for Research in Unstructured Multi-Turn Dialogue Systems》《Deep Learning for Answer Sentence Selection:A Study and An Oten Task》《Applying Deep Learning to Answer Selection:A Study and An Oten Task》《LSTM-Based Deep Learning Models for Non-factoid Answer Selection》 和《ABCNN: Attention-Based Convolutional Neural Network for Modeling Sentence Pairs》等，它们的思路就是把**question**使用RNN/CNN转化成一个向量o_q，然后使用另一个RNN/CNN同样把**answer**转化成一个向量o_a，然后就可以计算这两个向量的cosine，如图3.41上图所示。说简单点，就是计算两个对象的语义相似度（这个在后面的章节还会详细介绍，这个思路还可以用在搜索引擎排序上）。论文

《Open Question Answering with Weakly Supervised Embedding Models》使用的思路也是一样的，不同的是，它解决的问题是基于结构化知识（三元组）的问题，所以作者使用三元组构造成能描述该三元组含义的句子（比如三元组<张三，老婆，李四>，构造成句子“张三的老婆是李四”）当作 answer 来训练模型。而《Question Answering with Subgraph Embeddings》是将问题和问题中实体关联的子图分别表示成向量来计算，如图 3.41 下图所示。

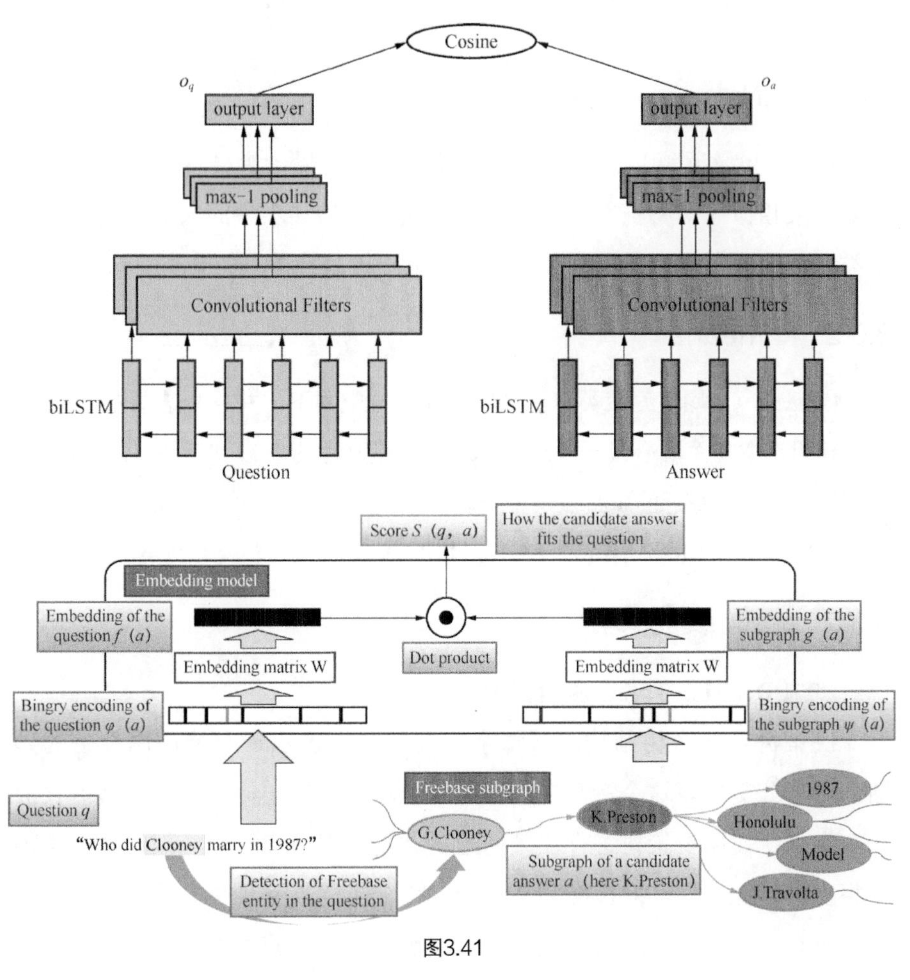

图3.41

这三类方法是深度学习很典型的尝试，从效果上看，完全使用深度学习模型的方法在不同的任务中有不同的效果，还有很多值得进一步去探索的地方。

总之，深度学习也是机器学习模型，凡是能使用机器学习的地方都能尝试深度学习。深度学习有很多的模型，从最开始的 Auto-Encoders、Sparse Coding、RBMs、DBNs 等模型，到现在使用较多的 DNN、CNN、RNN、GAN、Seq2Seq 等模型，它们在图像和语音取得了不错的成绩，在自然语言处理的应用上也在积极尝试。笔者也非常期待深度学习能在文本任务上有大的突破。

3.6 其他模型

3.6.1 kNN

kNN（k 最近邻）算法的思想比较简单：如果一个样本在特征空间中的 k 个最相似（即特征空间中“距离”最近）的样本中的大多数属于某一个类别，则该样本也属于这个类别。这是一种监督学习的分类算法。

3.6.2 k-means

k-means（k 均值）聚类算法是假定在欧式空间下，并且 k 是事先确定的。首先随机选取 k 个质心（一般会选择尽可能相互远的点），然后将各个数据项分配给“距离”最近的质心点，分配后，该类下的质心就会要更新（例如，变成该类下所有节点的平均值）。该分配过程一直下去，直到聚类结果不再变化。

3.6.3 树模型/集成学习

DT（Decision Tree，决策树）

决策树是一个树结构。其每个非叶子节点表示一个特征属性上的判断，每个分支代表这个特征属性在某个值域上的输出，而每个叶节点存放一个类别。使用决策树进行决策的过程就是从根节点开始，判断待分类项中相应的特征属性，并按照其值选择输出分支，直到到达叶子节点，将叶子节点存放的类别作为决策结果。其实就是从跟节点开始，进行 if-else 判断，一直到叶子节点，就得到了分类结果。

决策树的构造，也就是如何根据特征属性确定每个分支，指导思想就是：这个分支一定要能最大化的区分不同类。为了确定哪个属性最适合用来拆分，ID3 算法会计算相应的信息增益，所谓某个特征的信息增益，就是指该特征对数据样本的分类的不确定性的减少的程度，也就是说信息增益越大的特征具有更强的区分能力，这一点前面已经介绍过。ID3 算法会针对每个特征属性计算相应的信息增益，然后从中选出信息增益最大的特征属性来划分子树。C4.5 算法则使用的是信息增益比，信息增益比是在信息增益的基础上除了一项拆分信息，这样可以有效控制增益过大的问题。

Bagging

Bagging 和 Boosting 是典型的集成学习模型。Bagging 算法的思想非常简单，它从训练集中有放回的采样 N 个新训练集（有放回的意思就是说，这些训练集是可能重复的），然后训练出 N 个弱分类器，然后用多数投票的方法来决定最终的类别。随机森林是 Bagging 算法的升级版，它首先使用了决策树作为弱分类器，其次在训练决策树的时候并不是在所有的 M 个特征中选择一个最优的特征来做决策树的左右子树划分，而是随机选择节点上的一部分特征 m（m<M），然后在这 m 个特征中，选择一个最优的特征来做决策树的左右子树划分。也就是说随机森林在训练集和特征上都做了随机选择，所以相比 Bagging 算法更不容易过拟合。

Boosting

Boosting 算法的思想也非常简单，它也将若干个弱分类器（或者叫弱模型）组合起来，形成一个强大的强分类器（或者叫强模型）。和 Bagging 算法不同的是，Bagging 的弱分类器的生成是并行的，而 Boosting 是串行的，后一个分类器取决于前一个分类器分错的样本，所以效果更好一点，其中最流行的一种就是 AdaBoost 算法。在此算法中，每个样本都被赋予一个权重（初始时权重都相同），代表该样本被某个弱分类器选入训练集的概率，如果某个样本点已经被准确地分类，那么在构造下一个弱分类器时，它被选中的概率就被降低。相反，如果某个样本没有被准确地分类，那么它的权重就会提高，意味着该样本将更大机会的进入下一个弱分类器的训练集，就这样经过 T 次循环，就得到了 T 个弱分类器，把这 T 个弱分类器按一定的权重叠起来就得到了最终的强分类器模型。

GBDT（Gradient Boosting Decision Tree）

GBDT 是 Friedman 于 1999 年 在《Greedy Function Approximation: A Gradient Boosting Machine》中提出来的。要想理解 GBDT 算法，就要知道两个概念 Gradient Boosting 和 Boosting Decision Tree。Gradient Boosting 与传统 Boosting 的区别是，每一次的计算是为了减少上一次弱模型的残差，而为了消除残差，我们可以在残差减少的梯度（Gradient）方向上建立一个新的弱模型。也就是说，Gradient Boosting 中，每个新的弱模型的建立是为了使得之前弱模型的残差往梯度方向减少，这与传统 Boosting 对样本直接进行加权有着很大的区别。Boosting Decision Tree 和传统 Boosting 的最大区别是其中的弱分类器（或者叫弱模型）是一个决策树，在 GBDT 中这个决策树是回归树，而不是分类树，下面来大致解释下这个模型。

1．初始化：$f_0(\mathrm{x}) = \mathrm{argmin}_\gamma \sum_{i=1}^{N} L(y_i, \gamma)$

2．for m = 1 to M：

（a）for i = 1,2,⋯,N, 计算（负梯度）：

$$\mathrm{r}_{im} = -\left[\frac{\partial L(y_i, f(x_i))}{\partial f(x_i)}\right]_{f=f_{m-1}}$$

（b）用$\{(x_i, \mathrm{r}_{im})\}_{i=1}^{N}$拟合一个回归树，得到第m棵树的叶子节点区域 $\mathrm{R}_{jm}, j = 1,2,\ldots,J_m$

（c）for $j = 1,2,\ldots,J_m$，计算（最优下降步长）：

$$\gamma_{jm} = argmin_\gamma \sum_{x_i \in R_{jm}} L(y_i, f_{m-1}(x_i) + \gamma)$$

（d）更新$f_m(\mathrm{x}) = f_{m-1}(\mathrm{x}) + \sum_{j=1}^{J_m} \gamma_{jm} I(x \in R_{jm})$

3．输出模型$\hat{f}(\mathrm{x}) = f_M(\mathrm{x}) = \sum_{i=1}^{M} f_i(x)$

其中$h_m(x)=\sum_{j=1}^{J_m}\gamma_{jmi}I(x\in R_{jm})$就是一个弱模型（回归树），$L$是损失函数（还记得前面讲的损失函数吗），$r_{im}$就是梯度，看到了吧，中间就是用梯度（严格说是负梯度）来建立回归树的，也就是说GBDT其实就是在前向分布算法（Forward stagewise additive modeling）上用了负梯度来建立回归树。更多细节和应用可以参考论文《Greedy Function Approximation: A Gradient Boosting Machine》和《Web-Search Ranking with Initialized Gradient Boosted Regression Trees》。GBDT模型一方面可以作为单独的模型来解决一些分类或者回归问题；一方面可以把GBDT模型学习到的树当做特征融合到其他模型中来使用。具体做法就是，先用已有特征训练一个GBDT模型，然后利用GBDT模型学习到的树来构造新特征，最后把这些新特征加入原有特征一起训练模型（比如LR模型）。其中构造的新特征向量是二值的，它的长度等于GBDT模型里所有树包含的叶子节点数之和。向量中的每个元素对应于GBDT模型中树的叶子节点。当一个样本点通过某棵树最终落在这棵树的一个叶子节点上，那么在新特征向量中这个叶子节点对应的元素值为1，而这棵树的其他叶子节点对应的元素值为0。

3.6.4 SVM

自从Cortes和Vapnik于1995年提出来SVM（Support Vector Machine，支持向量机）以后，由于SVM完备的理论背景，可以从线性可分扩展到线性不可分的情况，效果也很不错，它逐渐流行起来了。SVM是一个很经典的有监督分类模型。

SVM既然是一个机器学习模型，那么它就会有目标函数和约束条件，如图3.42所示，蓝色的是负样本点，都满足$w\cdot x+b\leqslant -1$；红色的是正样本点，都满足$w\cdot x+b\geqslant 1$，中间的红线是分类面$w\cdot x+b=0$，那么要想使得红色和蓝色分的越好，就要使正负样本线上的点（正负样本线上的点都分开了，那么它们两侧的点自然也分开了）离分类面越远越好，即（点到面的距离公式）：$2\times|w\cdot x+b|/\|w|$，又因为$|w\cdot x+b|=1$（因为是

在正负样本线$w \cdot x + b = \pm 1$上），所以它的优化目标函数就是最大化几何间隔$2/\|w\|$（相当于最小化$\|w\|^2/2$），它的约束条件就是样本点必须在负样本线$w \cdot x + b = -1$和正样本线$w \cdot x + b = +1$的两侧，不能落入两者中间，即

$$\min_{w,b} \|w\|^2/2$$
$$\text{s.t.}\ \ y_i(w \cdot x_i + b) \geqslant 1 \quad (i = 1..N)$$

但是样本集免不了会有噪声，也就是会有样本不满足约束条件，落入了正负样本线之间，因此就要引入一个松弛变量，允许一些样本不满足约束条件，但是要惩罚，这样整个最优化函数就又变了，即

$$\min_{w,b,\varepsilon} \|w\|^2/2 + C\sum_{i=1..N}\varepsilon_i$$
$$\text{s.t.}\ \ y_i(w \cdot x_i + b) \geqslant 1 - \varepsilon_i \quad (i = 1..N)$$
$$\varepsilon_i \geqslant 0\ \ (i = 1..N)$$

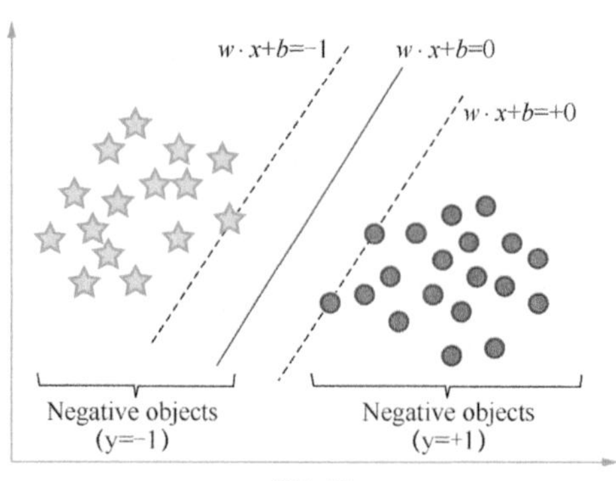

图3.42

现在 SVM 求解线性分类没什么问题了，那么如果线性方法无法区分呢？如果将线性无法区分的问题映射到高维空间（x-> ϕ(x)），然后在高维空间可以线性区分的话，那就可以同样使用之前的线性方法了（如图 3.43 所示），即

$$\min_{w,b} \|w\|^2/2$$
$$\text{s.t.}\ \ y_i(w \cdot \phi(x_i) + b) \geqslant 1 \quad (i = 1..N)$$

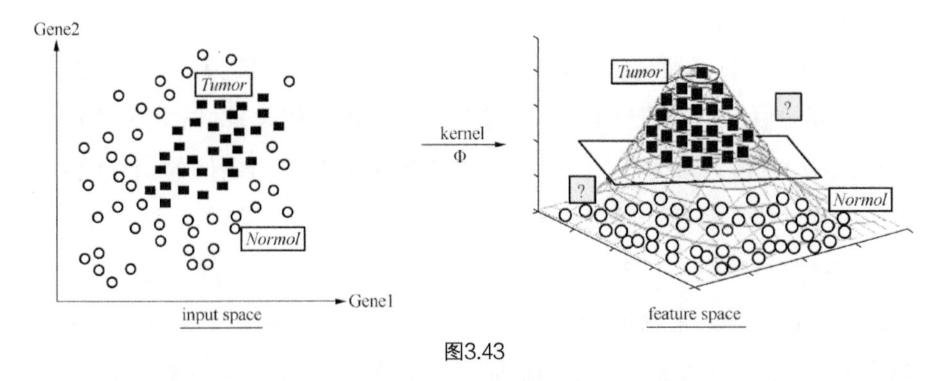

图3.43

求解上面那个问题，可以使用对偶问题（还记得我们介绍最大熵时讲的对偶问题吗？）来求解，最后就转化为下面的最优化问题了

$$\min_{\alpha} \frac{1}{2} \sum_{i=1..N} \sum_{i=1..N} \alpha_i \alpha_j y_i y_j (\phi(x_i) \cdot \phi(x_j)) - \sum_{i=1..N} \alpha_i$$

$$\text{s.t.} \quad \sum_{i=1...N} \alpha_i y_i = 0$$

$$C \geqslant \alpha_i \geqslant 0 \quad (i = 1...N)$$

问题来了，如何从低维空间映射到高维空间呢？也就是$\phi(x)$如何选取？而且还要在高维空间计算$\phi(x_i) \cdot \phi(x_j)$。这时就要引入核函数，它的作用就是把两个低维空间的向量映射到高维空间，而且同时把它们在高维空间里的向量内积值都算好了，也就是核函数$K(x_i, x_j) = \phi(x_i) \cdot \phi(x_j)$。一个函数干了两件事，先映射到高维空间然后计算好了内积，使得我们不用关心高维空间到底是什么了，因为我们直接通过核函数拿到了结果。这样，在核函数$K(x_i, x_j)$给定的条件下，可以利用求解线性分类问题的方法求解非线性分类问题。

那么有了最优化模型，而且是个凸二次规划问题，就可以使用 SMO 算法求解了。SMO 算法其实就是分而治之的思想。SVM 具体细节可以参考相关论文。论文《Support-Vector Networks》是 SVM 开创原论文，《A Gentle Introduction to Support Vector Machines in Biomedicine》是讲得很好的一个 PPT 材料。

总结一下，前面介绍了很多具体的机器学习方法。机器学习从解决问题的角度可以分为**分类问题**、**聚类问题**和**回归问题**。分类很容易理解，就是把数据分到某一类，常用的模型有贝叶斯模型、kNN、SVM、最大熵模型等。聚类问题是将数据根据相似性划归到不同的类，类内相似性大，类间相似性小，相当于从数据中发现这些潜在的关系，常用的算法有 k-means、Topic model 等。回归是用来描述输入和输出之间的函数关系，是一个连续值，有线性回归和逻辑回归等，有时候把回归模型卡个阈值也就可以做分类问题了。在 NLP 还有一类任务：序列标注问题，例如词性标注，专名识别等，它就是要给一个序列（例如句子，由多个词组成）中的每个单元（词）都要赋予一个类别标签，相当于要对每个单元做一个分类，一般使用 CRF 等模型。机器学习按照学习风格来分，可以分为**监督学习**、**无监督学习**和**半监督学习**。监督学习是需要有标注的数据来训练模型的，比如分类问题或者序列标注任务；无监督学习是不需要标注数据就可以训练模型的，例如聚类问题。半监督学习是利用少量标注数据和大量未标注数据进行训练模型的。当然还有一些其他机器学习方法，例如强化学习，它会根据不同的动作给予不同的奖励，使得向更优的方向前进；再例如主动学习（active learning），它更多的是一个思想，我们知道训练语料对机器学习的效果有很大的影响，所以如何挑选更有价值的训练语料是很重要的，那些模型解决错误的数据纠正过来加到训练语料中必将非常有效，这就构成了更新模型的一个循环流程，这也是模型优化很重要的一个点。

机器学习在文本任务上有个很重要的应用就是**文本分类**，在这里就简单介绍下文本分类，传统的文本分类框架如图 3.44 上图所示，最重要的两步就是特征选择和模型训练。首先是特征选择，在前面提到过特征工程的方法（特征选择、特征离散化、特征交叉和特征修正），但是对于文本分类这种单一任务，其实只需要特征选择就够了，即找到哪些词可以代表该文本（因为词典太大，要降低特征向量的维数）。一般有文档频率、卡方公式、信息增益、互信息（这些概念放到了第 5 章介绍，读者可以直接翻到第 5 章查阅）等方法，也就是根据这些计算值，对词进行排序，把阈值以下的词去掉，只剩下阈值以上的词用来表示文本（效果对比，可以参考论文

《A Comparative Study on Feature Selection in Text Categorization》，当然可以根据自己的任务特点设计自己的特征选择算法）。当选出词之后，要为每个词赋予一个值，来代表它对该文本的重要程度，一般有 tf、tf*idf、熵权重等方法。在实际使用的时候，尤其是短文本，只用文本中的单个词来提取特征太稀疏，会对效果有很大影响，所以根据任务需要更多的特征，例如，2-gram、3-gram 等等，之后就把提好的特征向量输入到机器学习模型中，例如：SVM、最大熵等这些都可以。可以看出，传统的文本分类影响效果的主要是特征选择和分类器这两个模块，然而在深度学习的时候，没有了人工特征提取，取而代之的用深度学习模型训练的向量来代表文本，而且这个向量也是自动学习出来的，不需要人工来专门提取，如图 3.44 下图所示。首先对使用 one hot 表示的原始句子中的每个词 Embedding 成一个向量表示，然后用深度学习模型表示成句子向量，然后来个 softmax，这其实也是深度学习应用的一个通用框架。

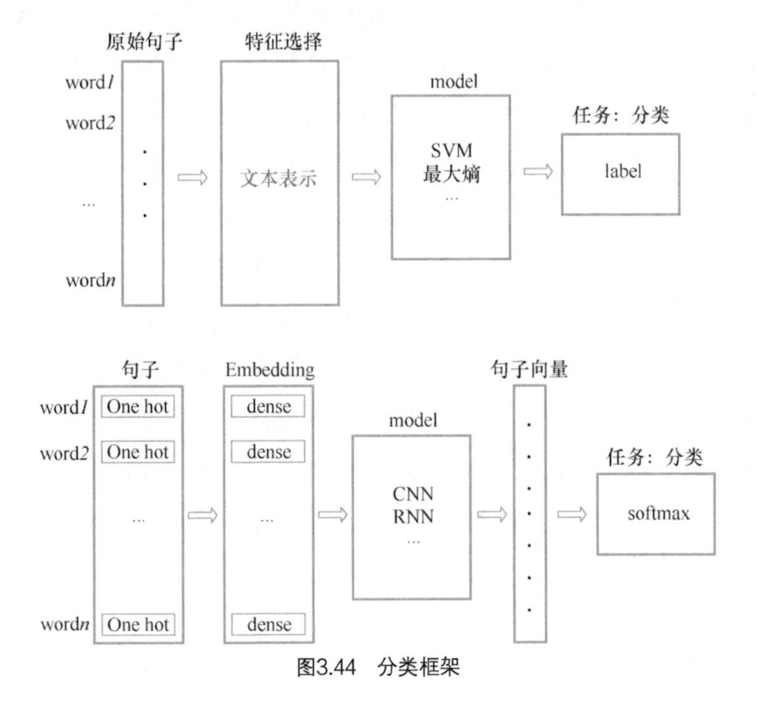

图3.44　分类框架

最后介绍下如何**评价机器学习模型**，先介绍几个术语名词：

真正类 TP（True Positive）被模型标为正的正样本；

假正类 FP（False Positive）被模型标为正的负样本；

假负类 FN（False Negative）被模型标为负的正样本；

真负类 TN（True Negative）被模型标为负的负样本；

真正类率 TPR = TP/(TP + FN)；

假正类率 FPR = FP/(FP + TN)。

那么常用的**评价指标**就是：

准确率 P = TP/(TP + FP)，反映了被模型判定的正类中真正的正类样本的比重；

召回率 R = TP/(TP + FN)，反映了被模型正确判定的正类占总的正类的比重；

F1 值 F = 2*P*R/(P + R)。

常用的**评价曲线**有两种：PR（Precision-Recall）曲线和 ROC（Receiver Operating Characteristic）曲线，如图 3.45 所示。PR 曲线的横坐标是精确率 P，纵坐标是召回率 R；ROC 曲线的横坐标是假正类率 FPR，纵坐标是真正类率 TPR。在 ROC 曲线有 4 个非常重要的点：（0,0），此时 FP=TP=0，说明模型将每个样本预测为负类；（1,1），此时 FN=TN=0，说明模型将每个样本预测为正类；（0,1），此时 FP=FN=0，说明模型将所有样本都正确分类，是个好模型；（1,0），此时 TN=TP=0，说明模型将所有样本都没有分类正确，是个非常差的模型。总之，ROC 曲线越接近左上角，该分类器的性能越好。ROC 曲线在样本不平衡的情况下，都能保持很好的平滑，所以一般都使用 ROC 曲线。AUC（Area Under Curve）是 ROC 曲线下面的面积，通常大于 0.5 且小于 1，面积越大分类器性能越好。

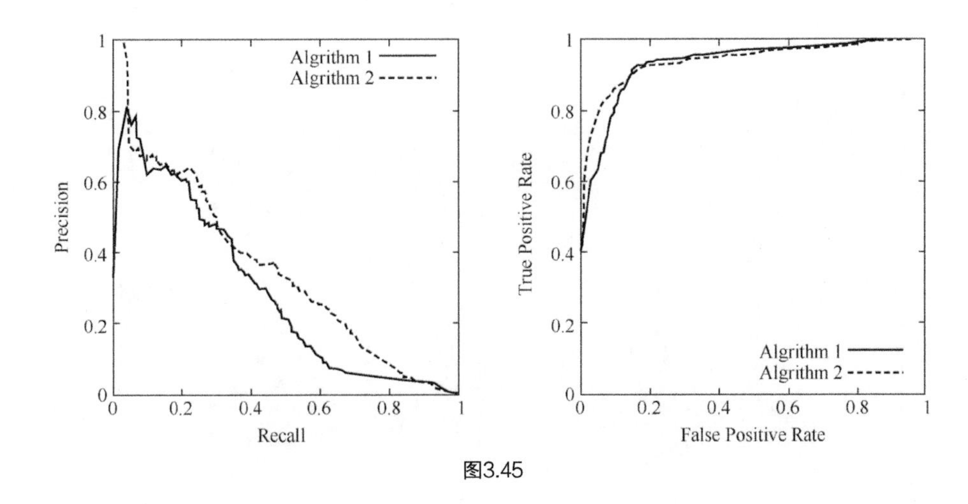

图3.45

3.7 问题与思考

1．生成式模型和判别式模型的区别是什么？

2．GBDT 和随机森林的区别是什么？

3．核函数的作用是什么？

4．EM 算法用在什么情况下？

5．如何做特征工程？文本分类的特征选择有哪些方法？

6．句子表示成向量的意义是什么？

7．如何训练一词多义的词向量？

8．LSTM 为何比 RNN 好？

9．CNN 模型的特点是什么？

10．深度学习有哪些 tricks ？

11．如何评价一个机器学习模型？

12．无监督学习能有什么突破？

应 用 篇

第4章 如何计算得更快

随着数据量的爆炸式增长，如何存储和计算海量数据就成了一个问题，所以解决这个问题的分布式系统逐渐成为目前必不可少的技术之一。而线上业务怎么更快更好地完成用户请求，这个问题也是很重要的。

4.1 程序优化

在学习程序优化之前，必须先得知道程序是怎么运行的，如图4.1所示。例如，我们刚编写了一个printf(“hello world\n”) 程序，并且生成了二进制hello文件，那么要执行它，首先从键盘敲入“./hello”，shell会逐一读取字符到寄存器，然后把它们放到存储器中。当按下回车键的时候，shell就会执行一系列命令，这些命令会将hello目标文件中的代码和数据从磁盘拷贝到主存（利用DMA可以不通过处理器而直接从磁盘到主存），一旦hello目标文件中的代码和数据加载到了存储器中，处理器就开始执行hello程序。它将“hello world\n”串从存储器拷贝到寄存器堆，再从寄存器中拷贝到显示器上。这样整个过程就结束了。我们可以看到，整个过程中系统花费了大量的时间把信息从一个地方拷贝到另一个地方，hello程序的机器指令开始时是在磁盘上，程序加载时，它们被拷贝到主存，当处理器运行程序时，指令又从主存拷贝到处理器。这样就会有个问题需要系统设计者考虑，就是怎样设计存储器使这些拷贝操作尽可能地快。

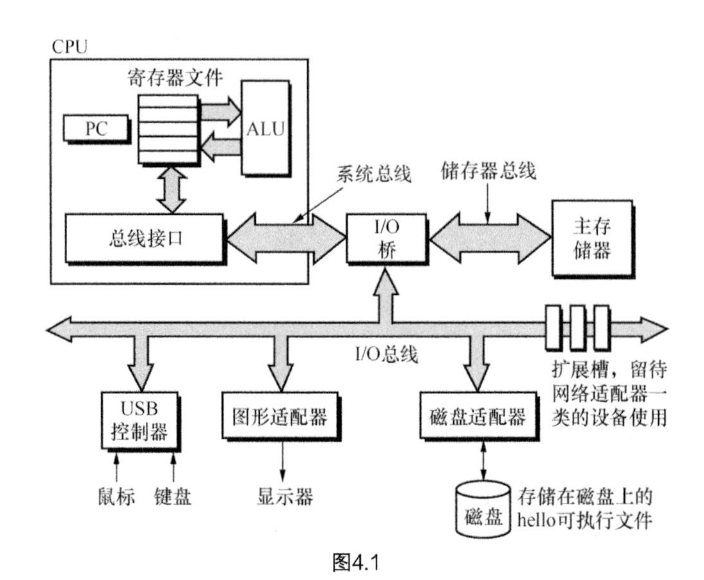

图4.1

存储器的设计如图 4.2 所示，可以将上一层次的存储器看作是下一层次

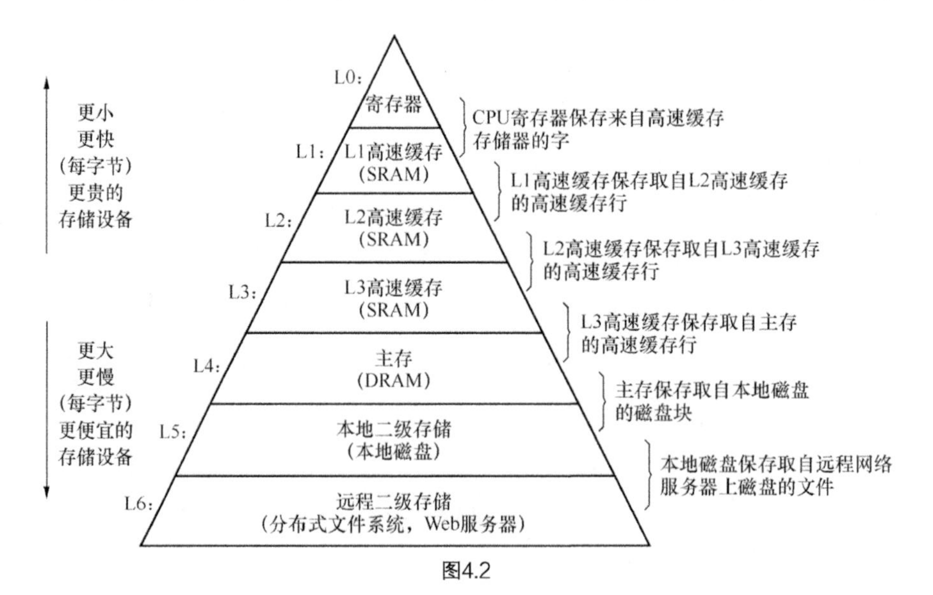

图4.2

存储器的高速缓存，越上层的速度越快但存储量越小，相反，越下层的速度越慢但存储量越大。这些内容来自《深入理解计算机系统》一书，这是一本至少要读两遍的书。

现在我们来说程序优化，程序优化从大的方面来讲可以分为三个级别：（1）系统级；（2）算法 / 数据结构级；（3）代码级。系统级对性能的影响最大，其次是算法 / 数据结构级，再次是代码级。系统级注重系统的整个流程、负载均衡等等，后面要专门讲的分布式也算是系统级的优化，下面只讨论算法 / 数据结构级和代码级优化。

毋庸置疑，一个好的算法或数据结构对系统会有很大影响，快速傅里叶变换之所以在推动数字信号处理的快速发展起了很大作用，就是它将傅里叶变换从 O(N^2) 变成了 O(NlogN)，可以算是一个质的改进。所以说，我们在写程序的时候选用什么样的算法和什么样的数据结构都很重要。做出合适的选择的前提是，你要知道目前有哪些算法或者数据结构可以解决你的问题，例如优先队列、Trie 树、跳表、Bloom Filter 等这些大学没学到的算法，你知道它们有什么作用吗？例如，在我们的一个模板匹配系统中，我们将正则匹配改成了 Trie 树 + 优先队列 + 各种剪枝，性能就有质的提升。然而有些实际问题并不能使用现有的算法搞定，必须根据自己的业务需求，自己设计算法和数据结构，这就完全看个人能力了。除了算法本身的特点外，还有一个很重要的思想就是：空间换时间。例如，在我们的一个排序中要将一个 0—1 亿的数当做一个特征使用起来，我们设计了一个双 sigmoid 函数将这个值映射到了 0—1 的浮点数，用到了指数函数，它的计算效率不高，为了能加速，我们事先将 0—1 亿个值的双 sigmoid 值计算好存储起来，当使用的时候就直接读取就行了，这对系统性能也是有提升的。再例如，假如下面这段程序会被调用很多次，那么可以事先将 a 按照 TYPE 分到各个 b_TYPE 中，再做相应的处理。这样做的好处是：（1）降低了循环次数；（2）消除了 if 判断。这些小的细节优化一定会提升性能，只要你愿意去找到优化的方法。

```
for (int i = 0; i < A_NUM; ++i)
{
      if (TYPE == a[i])
           ; //do something
}
```

代码级优化也很重要（很多人其实不愿意做这个事）。从图 4.2 可以看出，越上层存储器越快，上层可以看成是下层的缓存，其实计算机的确会缓存，例如读磁盘的时候并不是一个字节一个字节读，而是一次读一个块到内存（尽管用户程序就是读一个字节），这样读下一个字节的时候就不用再和磁盘交互了，寄存器缓存也会做一样的事情。这就衍生出两个很重要的指导思想：（1）尽可能使用上层存储器，能使用寄存器的时候就尽量不要使用内存，能使用内存的时候就尽量不要使用磁盘；（2）计算机具有局部性。例如，

尽可能多用局部变量，因为局部变量大多会缓存在寄存器中，访问速度快；

尽可能少调用函数，函数参数尽可能少，参数尽可能是指针或者引用，因为这可以减少拷贝；

处理的数据尽可能紧凑且少，因为可以大概率的缓存到上层存储器中，这也是数据压缩的目的之一；

尽可能顺序读写而不要随机读写，且尽量多使用刚读取的数据，因为程序局部性原理，最近使用的数据附近的数据会缓存起来；

尽可能使用内存，而不是磁盘。在这儿简单说下磁盘读取的原理，如图 4.3 所示，假设要读取③位置的数据，磁头首先需要从它现在的位置④处移动到③的位置（这个叫寻道时间）。读取数据时，像⑤那样盘片转动之后，盘片③上的数据就超过了磁头的位置而无法读取到，盘片就必须再转一圈（这个叫做旋转时间），读取到数据后，就需要通过总线⑨传输到 CPU 中（这个叫传送时间）。当然操作系统为了提高性能，减少磁盘旋转，每次会读一个块（4KB 左右）的数据，而不是一个字节。知道为什么

内存比磁盘读取速度慢了吧？磁盘读取数据耗时是寻道时间 + 旋转时间 + 传送时间，而内存几乎就是传送时间，而且二者的传送时间也不在一个量级上。SSD（固态硬盘）虽然不需要物理移动即可高效搜索到数据，但是由于总线速度的瓶颈以及其他结构的影响，其速度也是无法和内存相比的。

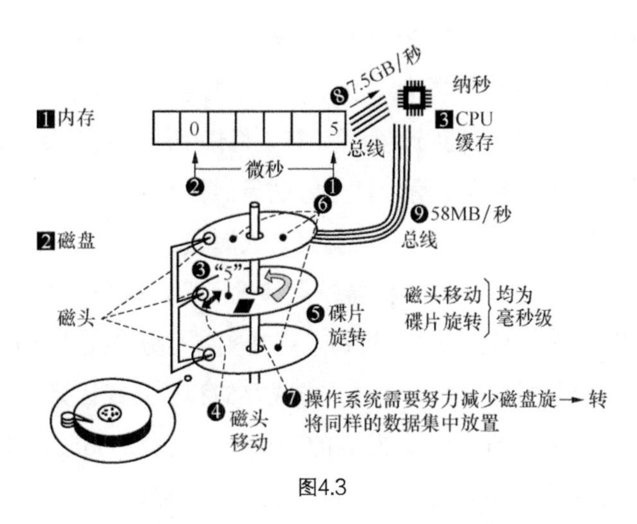

图4.3

总之，要想写出高效的程序，除了学习算法和数据结构外，对计算机结构必须要了如指掌，这是根本，所谓万变不离其宗。然后就是多写程序，多看书，多思考，最重要的一点就是要有精益求精态度。要想优化一定会有很多点可以优化，就看你愿不愿意做了。

4.2 分布式系统

一天，小明的老板给了他一个任务，让他去计算一对浮点数相乘。对小明这种码农来说自然容易得很，一行代码就搞定了。过了一会儿，小明老板又来找他，说他手上有 1 万对浮点数需要相乘，对小明来说也很容易，循环一下就搞定了。过了两天，老板又找小明来了，说他手上现在有 1 百亿对浮点数，让小明尽快去把相乘结果给他。小明想，容易啊，把前面那个循环程序拿来一跑就行了啊！于是，小明开始在它的 PC 上跑程序了，但是令小明郁闷的是，时间一分一秒的过去，就是跑不出结果啊读者不妨试试，1 百亿个浮点数相乘，在你的 PC 上要跑多久…

随着互联网的发展，数据是爆炸式增长的，那么如何存储和计算大规模的数据就是一个非常棘手的问题了。小明连 1 百亿个浮点数都计算不出来，而且浮点相乘算是最简单的算法了，稍微复杂的算法，那岂不是更跑不出来了？

既然遇到了问题，那就应该想办法解决。怎么解决呢？小明想，如果老板能给他配一台牛逼点的机器，例如中科院的超级计算机，那不是很快就计算出来了吗？但是这可能吗？为了计算 1 百亿个浮点数相乘，买一台超级计算机，这显然成本太高了啊，这个方法显然行不通。那就需要第二种方法，用术语说叫分治思想，用俗语说就是人海战术。既然 1 百亿个数没法计算，那么就多找几台机器，机器差点都无所谓，每台机器计算一部分，然后最后汇总起来，不就快了。没错，这其实就是分布式计算的思想。

分布式系统主要包括两部分：分布式存储和分布式计算。要了解这些东西，必不可少要看的 Google 发表的两篇论文《The Google File System》和《MapReduce: Simplified Data Processing on Large Clusters》。目前，分布式存储根据不同的业务产生了不同的数据库，尤其随着数据量的增大，就诞生了另一类数据库：NoSQL 数据库。它主要包括（1）key-value 数据库，代表有 Redis、LevelDB、Dynamo 等；（2）列式数据库，代表有 BigTable、Hypertable、Cassandra 等；（3）文档数据库，代表有 CouchDB、MongoDB 等；（4）图形数据库，代表有 OrientDB、GraphDB 等。分布式计算模型大概有这几种：（1）多线程，最基本的方法；（2）Graphics Processing Units，利用图形处理器的高度并行结构来提高速度；（3）Message Passing Interface，一种消息传递编程模型；（4）MapReduce。

要想设计好分布式系统，其实不是一件简单的事情，需要考虑很多事情，如集群负载均衡、数据的正确性和完整性、服务器的错误处理等等。笔者不是专业搞分布式的，也只是看了些论文和书籍，读者感兴趣可以参考相应的文献。下面只是从应用的角度来看看分布式系统的用处。

4.3 Hadoop

Hadoop 是一个软件平台，是 Apache 开源组织的一个分布式计算开源框架，可以让你很容易地开发和运行处理海量数据的应用。Hadoop 框架中最核心的设计就是 MapReduce 和 HDFS。可以说，Hadoop 是基于分布式文件系统（HDFS）的 MapReduce 的实现，也可以说，它是 Google 的那两篇经典文章的开源实现。现在，几乎每家大公司都会部署 Hadoop 集群来进行大数据运算，开源真是好东西啊！

分布式文件系统（HDFS）

HDFS 采用 master/slave 架构。一个 HDFS 集群是由一个 Namenode 和一定数目的 Datanode 组成。Namenode 是一个中心服务器，负责管理文件系统的名字空间（namespace）以及客户端对文件的访问。集群中的 Datanode 一般是一个节点一个，负责管理它所在节点上的存储。HDFS 暴露了文件系统的名字空间，用户能够以文件的形式在上面存储数据。从内部看，一个文件其实被分成一个或多个数据块，这些块存储在一组 Datanode 上。Namenode 执行文件系统的名字空间操作，如打开、关闭、重命名文件或目录。它也负责确定数据块到具体 Datanode 节点的映射。Datanode 负责处理文件系统客户端的读写请求。在 Namenode 的统一调度下进行数据块的创建、删除和复制。

MapReduce

MapReduce 任务是用来处理键 / 值对的。该框架将每个输入的记录成转换一个键 / 值对，每对数据会被输入给 Map 作业。Map 任务的输出是一套键 / 值对，原则上，输入是一个键 / 值对，但是，输出可以是多个键 / 值对。之后，它对 Map 输出键 / 值对分组和排序。然后，对排序的每个键值对调用一次 Reduce 方法，它的输出是一个键值和一套关联的数据值。Reduce 方法可以输出任意数量的键 / 值对，这将被写入工作输出目录下的输出文件。这个过程如图 4.4 所示。

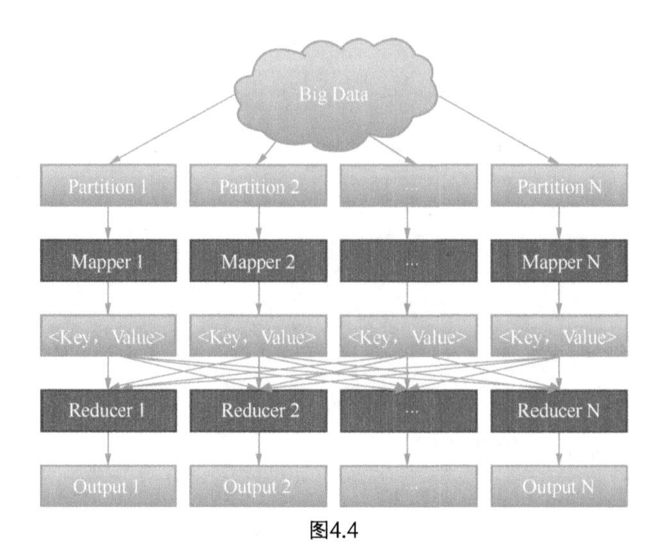

图4.4

如果还是不好理解，那我们就以那个最经典的计算词频来说明，假设有一堆分好词的文本，现在的任务是要统计每个词的频率（出现的次数），如图 4.5 所示。

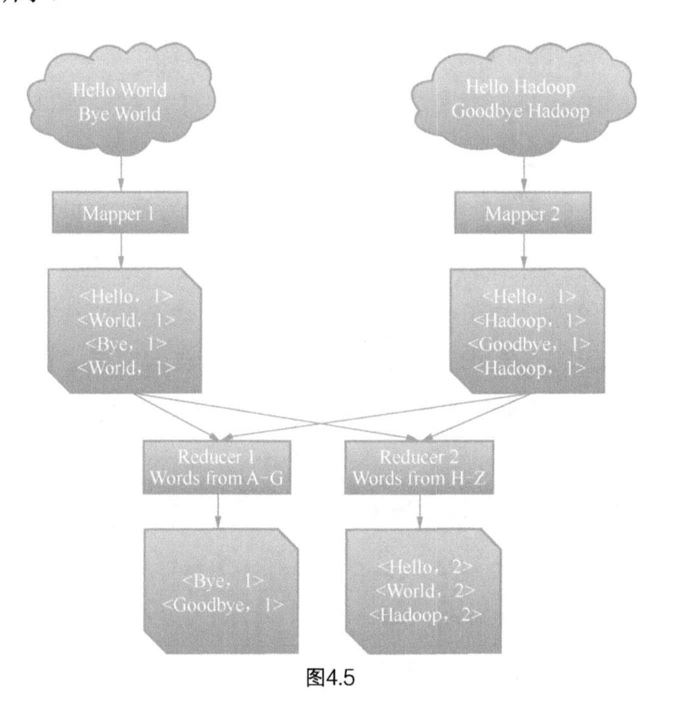

图4.5

首先把文本分成若干份；然后每一份数据，分配给一个 Mapper，这个 Mapper 的职责就是将每个词赋值为 1（即 key 为该词，value 为 1）；之后每个 Mapper 会把自己的数据按照某种规律（如按字母序，这样同一个词才能分配到一个 Reducer）发给相应的 Reducer，Reducer 的职责就是把相同 key 的 value 累加起来；这样，就统计完词频了。

Hadoop 的编程方式有两种：Pipes 和 Streaming。直接上代码吧！下面的例子是笔者在 2011 年写的，现在版本的 Hadoop 又增加了不少新特性了。

Pipes 方式：

首先，建立相应的目录

```
> hadoop fs -mkdir name
> hadoop fs -mkdir name/input
> hadoop fs -put file1.txt file2.txt name/input
```

编写程序（wordcount.cpp）

```
#include<algorithm>
#include<limits>
#include<string>
#include"stdint.h"
#include"hadoop/Pipes.hh"
#include"hadoop/TemplateFactory.hh"
#include"hadoop/StringUtils.hh"
usingnamespace std;
class WordCountMapper:publicHadoopPipes::Mapper
{
public:
      WordCountMapper(HadoopPipes::TaskContext&context){}
      void map(HadoopPipes::MapContext& context)
      {
          string line =context.getInputValue();
          vector<string>word = HadoopUtils::splitString(line, " ");
          for (unsignedint i=0; i<word.size(); i++)
          {
               context.emit(word[i],HadoopUtils::toString(1));
          }
      }
```

```
};
class WordCountReducer:publicHadoopPipes::Reducer
{
public:
      WordCountReducer(HadoopPipes::TaskContext&context){}
      void reduce(HadoopPipes::ReduceContext& context)
      {
          int count = 0;
          while (context.nextValue())
          {
               count +=HadoopUtils::toInt(context.getInputValue());
          }
           context.emit(context.getInputKey(),HadoopUtils::toString(cou
nt));
      }
};
int main(int argc, char **argv)
{
      returnHadoopPipes::runTask(HadoopPipes::TemplateFactory<WordCount
Mapper,WordCountReducer>());
}
```

编写 makefile

```
CC = g++
HADOOP_INSTALL =../../data/users/hadoop/hadoop/
PLATFORM = Linux-amd64-64
CPPFLAGS = -m64-I$(HADOOP_INSTALL)/c++/$(PLATFORM)/include

wordcount:wordcount.cpp
$(CC) $(CPPFLAGS) $< -Wall -L$(HADOOP_INSTALL)/c++/$(PLATFORM)/ lib-
lhadooppipes -lhadooputils -lpthread -g -O2 -o $@
```

编译程序并且放入 hadoop 系统

```
> make wordcount
> hadoop fs -put wordcount name/worcount
```

编写配置文件（job_config.xml）

```
<?xml version="1.0"?>
<configuration>
<property>
```

```
    <name>mapred.job.name</name>
    <value>WordCount</value>
</property>

<property>
    <name>mapred.reduce.tasks</name>
<value>10</value>
</property>

<property>
<name>mapred.task.timeout</name>
<value>180000</value>
</property>

<property>
<name>hadoop.pipes.executable</name>
<value>/user/hadoop/name/wordcount</value>
<description> Executable path is given as"path#executable-name"
              sothat the executable will havea symlink in working
directory.
              This can be used for gdbdebugging etc.
</description>
</property>

<property>
<name>mapred.create.symlink</name>
<value>yes</value>
</property>

<property>
<name>hadoop.pipes.java.recordreader</name>
<value>true</value>
</property>

<property>
<name>hadoop.pipes.java.recordwriter</name>
<value>true</value>
</property>
</configuration>

<property>
<name>mapred.child.env</name>
```

```
<value>LD_LIBRARY_PATH=/data/lib</value><!--如果用到动态库：lib库的路径，要保证每台机器上都有，现在的版本直接用命令打个包就行了-->
<description>User added environment variables for the task tracker child
       processes. Example :
       1) A=foo  This will set the env variable A to foo
       2) B=$B:c This is inherit tasktracker's B env variable.
</description>
</property>
<property>
<name>mapred.cache.files</name>
<value>/user/hadoop/name/data#data</value><!--如果用到外部文件：hadoop上的data路径，程序中fopen("data/file.txt", "r")，现在的版本直接用命令打个包就行了-->
</property>
```

运行程序

```
> hadoop pipes -conf ./job_config.xml -input/user/hadoop/name/input/* -output /user/hadoop/name/output -program/user/hadoop/name/wordcount
```

注意，output 文件夹在运行前不能建立，系统会自己建立。

这个例子很简单，只是统计词频，但是，实际的数据挖掘比较复杂，尤其涉及中文，很多情况下要进行分词，那就要初始化一些分词句柄及空间，然后分词处理。其实可以将 MapReduce 程序看成普通的 C++ 程序，要初始化东西，放到构造函数，具体处理放到 Map 和 Reduce 里。

Streaming 方式：

编写 map 程序（map.cpp）

```
#include<string>
#include<iostream>
usingnamespace std;

int main()
{
     string line;
     while(cin>>line)//如果是中文的话，用fgets(char*, int n, stdin)读进来，再分词处理
     {
```

```
        cout<<line<<"\t"<<1<<endl;
    }
    return 0;
}
>>g++ -o map map.cpp
```

编写 reduce 程序（reduce.cpp）

```
#include<map>
#include<string>
#include<iostream>
usingnamespace std;

int main()
{
    string key;
    string value;
    map<string,int> word_count;
    map<string,int> :: iterator it;
    while(cin>>key)
    {
        cin>>value;
        it= word_count.find(key);
        if(it!= word_count.end())
        {
            ++(it->second);
        }
        else
        {
            word_count.insert(make_pair(key,1));
        }
    }

    for(it= word_count.begin(); it != word_count.end(); ++it)
        cout<<it->first<<"\t"<<it->second<<endl;

return 0;
}
>>g++ -o reduce reduce.cpp
```

需要统计的文件，并提交至 hadoop 中

```
File1.txt: hello hadoop helloworld
File2.txt: this is a firsthadoop
>>hadoop fs -put File1.txt File2.txt  ans
```

运行程序

```
>>hadoop jar /data/users/hadoop/hadoop/contrib/streaming/hadoop-streaming-0.20.9.jar -file map -file reduce -input ans/* -output output1 -mapper /data/name/hadoop_streaming/map -reducer /data/name/hadoop_streaming/ reduce
```

4.4 问题与思考

1. 计算机的结构以及 SSD 和普通硬盘的区别是什么？
2. 如何优化程序性能？
3. 试述 Hadoop 的原理。

第5章 你要知道的一些术语

要想继续学习后面的章节，尤其是搜索引擎，还必须要知道一些基本的术语。

5.1 tf/df/idf

首先需要声明的是我们一般说tf、df、idf都是指某个词的tf、df、idf，也可以说这三个术语是词的属性。

tf就是词频，它的全称是term frequency。这个概念最容易理解，就是某个词出现的次数，出现几次，该词的tf就是几。它一般表示的是一个词的局部信息。

df就是文档频率，它的全称就是document frequency。它是指某个词的文档频率，这个词在多少个文档中出现，那么，该词的df就是几。df也是特征选择的一个指标。

idf是逆文档频率，它的全称就是inverse document frequency。它是词重要性的一个很好的衡量指标。试想，如果某个词在非常多的文档中都出现过，如“的”、“了”这些词，那么它是不就不太重要；相反，如果某个词在很少的文档中出现过，那么它是不是就相对来说比较重要。简单来说，就是物以稀为贵。那么，idf 怎么计算呢？公式很简单（有些会稍有不同）：

$$\mathrm{idf_i} = \log\frac{|\mathrm{D}|}{\mathrm{df_i}}$$

也就是用 |D|（语料库中的总文档数）除以该词的 df，然后取 log 就可以了。idf 因为是在大量语料库中统计的，所以它一般表示一个词的全局信息。

5.2 IG/CHI/MI

这几个概念更多是用在文本分类的特征选择上，我们在本节中介绍。

IG（Information Gain，信息增益），某个特征 t_i 的信息增益就是指有该特征和没有该特征时，为整个分类系统所能提供的信息量的差别，即，信息增益就是不考虑任何特征时文档的熵和考虑该特征后文档的熵的差值。

$$IG(t_i)=\left\{-\sum_{j=1}^{M}P(C_j)\times\log P(C_j)\right\}-\left\{\begin{array}{l}P(t_i)\times\left[-\sum_{j=1}^{M}P(C_j\,|\,t_i)\times\log P(C_j\,|\,t_i)\right]+P(\tilde{t_i})\\ \times\left[-\sum_{j=1}^{M}P(C_j\,|\,t_i)\times\log P(C_j\,|\,\tilde{t_i})\right]\end{array}\right\}$$

其中，$P(C_j)$表示C_j类文档在语料中出现的概率，$P(t_i)$表示语料中包含特征 t_i 的文档的概率，$P(C_j\,|\,t_i)$表示文档包含特征 t_i 时属于C_j类的条件概率，$P(\tilde{t_i})$表示语料中不包含特征 t_i 的文档的概率，$P(C_j\,|\,\tilde{t_i})$表示文档不包含特征 t_i 时属于 C_j 类的条件概率，M 是类别数。

可以看出，一个特征的信息增益其实就是有无该特征时它对整个分类系统的重要度，值越高说明该特征越重要。

CHI（χ^2统计量，也叫卡方检验），是用来衡量观察实际值 O 和理论值 T 的差异程度，如果大到一定程度，就认为不太可能是偶然或者策略不准确产生的，也就是说两者实际是相关的。在这儿，衡量的是特征 t_i 和类别 C_j 的相关联程度。我们假设 N 为语料中的文档总数，A 表示属于 C_j 类且包含特征 t_i 的文档频率，B 表示不属于 C_j 类但包含特征 t_i 的文档频率，C 表示属于 C_j 类但不包含特征 t_i 的文档频率，D 是即不属于 C_j 类也不包含 t_i 的文档频率，那么

$$\chi^2\left(t_i,C_j\right)=\sum\frac{\left(O-T\right)^2}{T}=\frac{N\times\left(A\times D-C\times B\right)^2}{\left(A+C\right)\times\left(B+D\right)\times\left(A+B\right)\times\left(C+D\right)}$$

对于全局来说，有如下两种计算方式

$$\chi^2_{MAX}\left(t_i\right)=\max_{j=1}^{M}\left(\chi^2\left(t_i,C_j\right)\right)$$

$$\chi^2_{AVG}\left(t_i\right)=\sum_{j=1}^{M}P\left(C_j\right)\chi^2\left(t_i,C_j\right)$$

可以看出，某个特征 t_i 的 CHI 值越大，说明它与该类 C_j 越相关。

前面举例介绍的是两个词的 MI（Mutial Information，互信息），在这儿就是计算特征 t_i 和类别 C_j 之间的互信息。

$$MI\left(t_i,C_j\right)=\log\frac{P\left(t_i,C_j\right)}{P\left(t_i\right)P\left(C_j\right)}=\log\frac{P(t_i\mid C_j)}{P\left(t_i\right)}\approx\log\frac{A\times N}{\left(A+C\right)\times\left(A+B\right)}$$

对于全局来说，同样有如下两种计算方式

$$MI_{MAX}\left(t_i\right)=\max_{j=1}^{M}\left(\mathrm{MI}\left(t_i,C_j\right)\right)$$

$$MI_{AVG}\left(t_i\right)=\sum_{j=1}^{M}P\left(C_j\right)\mathrm{MI}\left(t_i,C_j\right)$$

符号含义同上，可以看出，互信息越大，特征 t_i 和类别 C_j 之间的共现程度就越大。

5.3 PageRank

作为一个搞文本的人士，尤其是与搜索引擎相关的，如果连 PageRank 都没听说过，那真是太孤陋寡闻了。就算是不知道它的具体原理，至少听说过这个名字吧，这可是 Google 的最经典的算法之一。没关系，看完本节，你也就知道 PageRank 到底是什么玩意了。

PageRank 是用来衡量网页重要性的一个指标。计算网页重要性有很多方法，如通过计算网页本身内容好不好、网页规不规范、排版好不好等等因素也可以计算出来一个得分。这种方法只是利用了网页本身，而 PageRank 则不同，它利用了整个互联网络。

PageRank 的核心思想就是投票原则。互联网中的网页之间是有链接关系的，也就是说任何网页有可能和其他网页有链接关系（要么 A 指向 B，要么 A 被 C 指向），这就构成了一个非常大的矩阵。如果指向某个网页的链接非常多且质量很高，那么该网页质量也就很高，A 网页链接到了 B 网页，说明 A 网页给 B 网页投了一票。这个思想很容易理解，就像投票一样，获得票数越多的人，也就是说明他越重要。那么 PageRank 怎么计算呢？它的公式如下

$$\mathrm{PR}(A)=(1-d)+d\sum_{i=1\cdots n}\frac{\mathrm{PR}(T_i)}{C(T_i)}$$

其中，网页 $T_1,\cdots,T_n$ 链向网页 A，$C(A)$ 表示网页 A 的外链数量，d 为阻尼系数（$0<d<1$），PR(A) 就表示网页 A 的 PageRank 值。

从公式中就可以看出 PageRank 的思想，但是现在又有个问题出来了，怎么计算？看公式很容易想到的是迭代，给每个网页一个初始的 PageRank 值，反复迭代直到收敛就得到所有网页最终的 PageRank 值了。但是问题是：这个迭代问题是否真的收敛？庆幸的是，它的确是收敛的，大家有兴趣的可以看下论文《Deeper Inside PageRank》中的证明。

至此你已经知道了什么是 PageRank 了，PageRank 在实际计算的时

候用的是矩阵形式，那问题又来了，假设有十亿个网页，那么这个矩阵就会有一百亿亿个元素（每个网页自然可能链接到其他任何网页，一个网页肯定是和少量网页有链接关系，和绝大多数都没有链接关系，所以这个矩阵是个稀疏矩阵），如此大的矩阵相乘运算，计算量是非常大的，那么怎么解决呢？就是使用前面讲的分布式计算框架 MapReduce 来计算了。

5.4 相似度计算

相似度计算是一个很重要的东西，大家可以想一想，有多少地方可以使用到—搜索引擎中计算 Query 和文档的相关度？问答系统中计算问题和答案的相似度？广告系统中计算 Query 和广告词的匹配程度？推荐系统中要给某个用户推荐某件物品，是否要计算这件物品和这个用户兴趣的相似度呢？太多太多了，而且我觉得高维相似度在人的认知中也起了很大的作用。接下来就介绍些相似度计算的方法。

相似度一定是指两个东西（姑且分别用 Q 和 D 表示）的相似程度，而这两个东西可以是任何形式的，例如文本、图片、声音等等。最终要计算相似度，那必须把这些东西抽象成数学形式，说白了，就是怎么用数字把这些东西表示出来，一般会表示成向量或者矩阵。那如果表示成了向量，计算相似度就可以使用大家在数学课上学的知识了。目前来说，大致有这么两类方法。

- **距离方法**

常用的距离方法有欧氏距离（L_2 范数）、曼哈顿距离（L_1 范数）、明氏距离、汉明距离（两个等长子符串对应位置的不同字符的个数）、Jaccard 相似系数（交集占并集的比例）、Jaccard 距离（1-Jaccard 相似系数）、余弦距离、皮尔森相关系数、编辑距离等。这些所谓的距离其实都是一些固定的公式而已，关键在于如何应用。编辑距离其实和上面的距离有些不同，它是指两个串，由一个变成另一个所需的最少的编辑次数，这个编辑就包括替换、插入、删除操作。余弦距离是用的比较多的，它的公式如下。

$$\mathrm{sim}(\mathrm{Q},\mathrm{D})=\cos(Q,D)=\frac{\sum_{i=1..n}Q_i\times D_i}{\sqrt{\sum_{i=1..n}Q_i^2}\sqrt{\sum_{i=1..n}D_i^2}}$$

其中，Q_i和D_i分别为向量所在位的值。$\mathrm{sim}(\mathrm{Q},\mathrm{D})$越接近 1 越相似，越接近 0 越不相似。

还有皮尔森相关系数在推荐系统用的也较多，它的公式如下。

$$\mathrm{sim}(\mathrm{Q},\mathrm{D})=\mathrm{r}(Q,D)=\frac{\sum_{i=1..n}(Q_i-\bar{Q})\times(D_i-\bar{D})}{\sqrt{\sum_{i=1..n}(Q_i-\bar{Q})^2}\sqrt{\sum_{i=1..n}(D_i-\bar{D})^2}}$$

其中，Q_i和D_i分别为向量所在位的值，$\bar{Q}$和$\bar{D}$分别是 Q 和 D 的平均值。$\mathrm{r}(Q,D)$的范围是 -1（弱相关）到 1（强相关）。

- **Hash 方法**

Hash 方法主要有 minhash 和 simhash。minhash 的主要目的是降维，它的主要原理是基于这个结论：两个集合经随机转换后得到的两个最小 hash 值相等的概率等于两集合的 Jaccard 相似度。而 simhash 是通过设计一个 hash 方法，使得内容相近的事物生成的 hash 签名也相近，hash 签名的相近程度，就反映出了事物间的相似程度。很少使用这两个算法来计算文本相似度，一般都是用于网页去重。去重也算是相似度的一种应用，越相似的就越是重复的。

好了，既然学会了这么多计算相似度的数学方法，那么应用到文本上又要怎么计算呢？也是有一些模型的，我从特征的角度把它分为如下 7 种。

Bool 模型

最早的计算相似度的模型就是 Bool 模型了，假设我们要计算两个句子（Q 和 D）的相似度，它们自然都是用一些词组成的，怎么量化使得可计算呢？那就用向量来表示，比如表示成（0，…，1，…，0，1，…，0，1，

0…）。为什么向量里面那么多…呢？这是因为我们必须把向量都要统一起来，意思就是说，哪个词在向量的哪个位置上，都必须是确定的。要想确定，那就必须把所有的汉字都按某个序（字典序）排出来，然后各个词对号入座，这样整个向量的长度就是词典中词的个数。Q 和 D 中的每个词分别出现在什么位置那么就给相应的位置标记上 1，其他地方都为 0，这样表示成向量之后就可以计算 Q 和 D 的余弦相似度了。真正计算的时候会有些技巧，没必要都写成这么长的向量。

tf*idf 模型（增加词权重特征）

上面的模型已经可以用来计算相似度了，但是这时候，聪明的读者就发现问题了，上面模型中向量只用了词是否出现，这样不对啊，有些词重要，有些词不重要，那么不同的词对计算相似度应该要有不同的贡献，显然 Bool 模型没法表示啊！没错，提出了问题，那么就应该改进，这时候就有了 tf*idf 模型。Bool 模型是只要这个词出现，那么它的位置上就是 1，否则就是 0，而 tf*idf 模型却有不同，只要这个词出现，那么它的位置就是该词的 tf*idf（或者归一化后的值），否则就是 0。看到了吧，利用了词的局部信息 tf 和全局信息 idf，计算方法也是余弦相似度，即Q_i和D_i分别为向量所在位的 tf*idf(没有出现的词的 tf 自然为 0，那么 tf*idf 也就是 0 了)。

BM25 模型（增加了长度特征）

tf*idf 模型相比之前的 bool 模型有了很大的优化，但是这时候又有人提出问题了，既然模型中用到了 tf，那么句子越长，潜在的 tf 就可能越大，也就是说，长的句子会比短的句子沾光。有了问题，接着优化，那么就出现了更好的模型 BM25 模型。BM25 模型相比 tf*idf 模型，多利用了一个长度特征，大家看它的公式就会发现，在分母有个与长度相关的式子（有些文献给出的公式稍有不同）。

$$\mathrm{sim}_{\mathrm{BM25}}(Q,D)=\sum_{i}\frac{(k_1+1)\mathrm{tf}_{q_i}}{\mathrm{tf}_{q_i}+k_1\left[(1-b)+b\frac{|D|}{\mathrm{avgdl}}\right]}\times \mathrm{IDF}(q_i)$$

k_1,b 为参数，|D| 为文档长度，avgdl 为文档平均长度，具体公式的讲解可以参考一下相应的论文，例如《The Probabilistic Relevance Framework: BM25 and Beyond》。

Proximity 模型（增加了位置特征）

BM25 又优化了不少啊，已经算很不错了。但是又有人说了，你这个模型不好啊，如我有个句子 Q（老大 / 的 / 幸福），分别去和两个句子 D1（老大 / 的 / 幸福）和 D2（幸福 / 的 / 老大）计算相似度，发现两个的分数一样啊，但是很显然 Q 和 D1 的相似度要比 Q 和 D2 的相似度要高啊！没错，那就接着优化，这时候就出现一些优化算法了，这些优化算法又多利用了一个词的位置特征。如从这篇论文《Term Proximity Scoring for Keyword-Based Retrieval Systems》中，大家可以看到，其实它是在 BM25 模型后面又加了一个与每个词的位置相关的公式，这样 Q 和 D1 的相似度就会比 Q 和 D2 的相似度要高。实际使用的时候也不一定就严格按照论文的公式来，自己可以设计不同的位置公式来计算。

语义特征模型（增加了 Topic 特征）

前面的那些模型已经很不错了，能解决大多数问题了，但是又有人提出了问题：你上面的模型都是关键词模型，也就是说模型中的词必须严格一样，例如要想和句子（计算机 / 好用）匹配，其他句子必须出现“计算机”或者“好用”，否则得分都是 0，这显然也不合理啊？假设我另外有个句子（电脑 / 耐用），它和句子（计算机 / 好用）相似度肯定不应该是 0 啊，或多或少都有一定的相关度啊！没错，这时候就又有人提出改进的算法：语义特征模型，也就是在计算相似度的时候加入了语义特征，最简单的就是同义词（其实任何两个词之间都有相似度分数，同义词只是个特例，它们的相似度高而已）。那么怎么得到语义特征呢？回顾下前面讲的主题模型，它计算出了所有的$P(z_k \mid d_i)$和$P(w_j \mid d_i)$，z_k 就是主题。一般很少直接使用语义模型，而是和关键词模型加权。

$$\text{sim} = \lambda \text{sim}_{\text{term}}(Q,D) + (1-\lambda)\text{sim}_{\text{TM}}(Q,D)$$

其中$\text{sim}_{\text{term}}(Q,D)$就是前面讲的关键词模型，而$\text{sim}_{\text{TM}}(Q,D)$就是将要讲的语义相似度模型。计算这个$\text{sim}_{\text{TM}}(Q,D)$大致也有这么几种。一种是语言模型。

$$\text{sim}_{\text{TM}}(Q,D)=P(Q|D)=\prod_{w\in Q}P(w|D)$$

$$=\prod_{w\in Q}\left(\lambda P_{LM}(w|D)+(1-\lambda)\left(\sum_{k=1..K}P(w\mid z_k)p(z_k\mid D)\right)\right)$$

另一种是 cosine，不同在于计算权重不是使用 tf*idf，而是使用主题模型的结果，即权重就是$P(w_j\mid d_i)=\sum_{k=1..K}P(w_j\mid z_k)p(z_k\mid d_i)$；还有方法是将 Q 和 D 的相似度看成是它们主题分布的相似度，也就是直接计算$P(Z\mid Q)$和$P(Z\mid D)$的相似度；另外有些模型使用了其他的方法（例如 KL 距离）来衡量（为什么两个 KL，因为 KL 不满足对称性，只有这样，才可以使得$\text{sim}_{\text{TM}}(Q,D)$和$\text{sim}_{\text{TM}}(D,Q)$得分相同）。

$$\text{sim}_{\text{TM}}(Q,D)=1-\frac{1}{2}[\text{KL}\left(P_{(Z|Q)}\parallel P_{(Z|D)}\right)+\text{KL}(P_{(Z|D)}\parallel P_{(Z|Q)})]$$

细节大家可以参考一些论文，例如《Learning the Similarity of Documents: An Information-Geometric Approach to Document Retrieval and Categorization》《LDA Based Similarity Modeling for Question Answering》和《Regularizing Ad Hoc Retrieval Scores》。

句法特征模型（增加了句法特征）

有了语义模型，算是改进不少了，但是还有问题，如句子 A（我的显示器的颜色）和句子 B（我的显示器变颜色），用以上的模型算的分数都不低，但是这两句话意思完全不一样，分数不应该高啊！是的。这时候就有人加入句法特征来优化了，也就是把两个句子的句法树的匹配程度考虑了进去。

尽管有了这么多模型，从搜索引擎关键词匹配的程度来说已经可用性非常高了，但是要想计算好真正意义上的语义相似度其实还是挺困难的。

深度表示模型（增加语义特征）

在讨论深度学习的时候我们讲过，可以把一个词表示成向量，也可以把句子表示成向量，句子表示成了向量，那么计算相似度就容易了。微软的论文《Learning Deep Structured Semantic Models for Web Search using Clickthrough Data》就提出了一种方法（如图 5.1 所示）将句子逐层表示成语义空间的特征向量，然后就可以计算句子相似度。

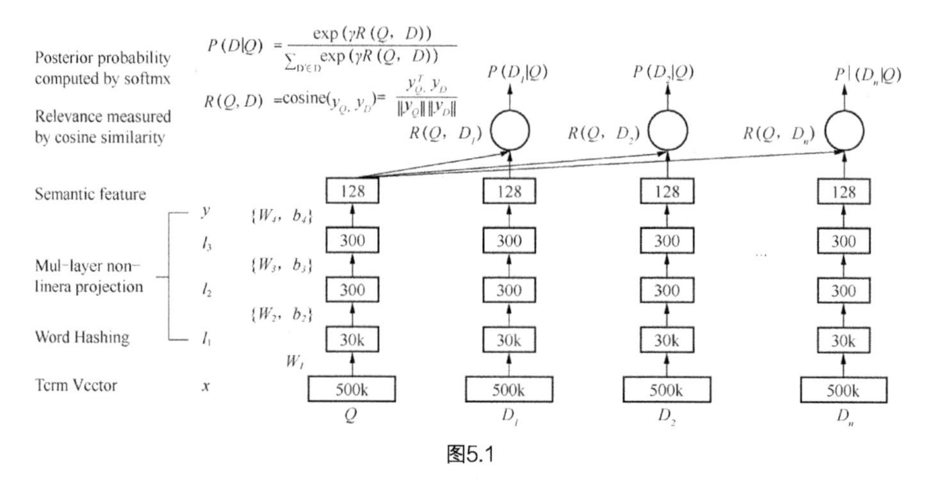

图5.1

这类方法是有监督的学习方法，需要线下标注一批相似问题对。D 包括 D^+ 和 $\{D_j^-, j=1..n\}$，其中 D^+ 是和 Q 相似的问题，D^- 是随机选取的和 Q 不相似的问题。目标函数一般选用的就是会及损失的变种 $\max\{0, m-(P(D^+|Q)-P(D^-|Q))$。这种抽取语料训练方法是深度学习中很重要的一个技巧。

我们的句子相似度算法是由多个模型共同组成的，其中两个深度学习模型一个就是 ReNN 模型。简单说下这个模型，大家都知道句法分析树的结构如下图 5.2(a) 所示，我们要在这种句法关系上做表示，如图 5.2(b) 所示。

其中，x 就是每个词的向量，W 是每种关系及每个词对应的参数，h 就是隐藏层，它的计算公式如下

$$h_n = f\left(W_v \cdot x_w + b + \sum_{k \in K(n)} W_{R(n,k)} \cdot h_k\right)$$

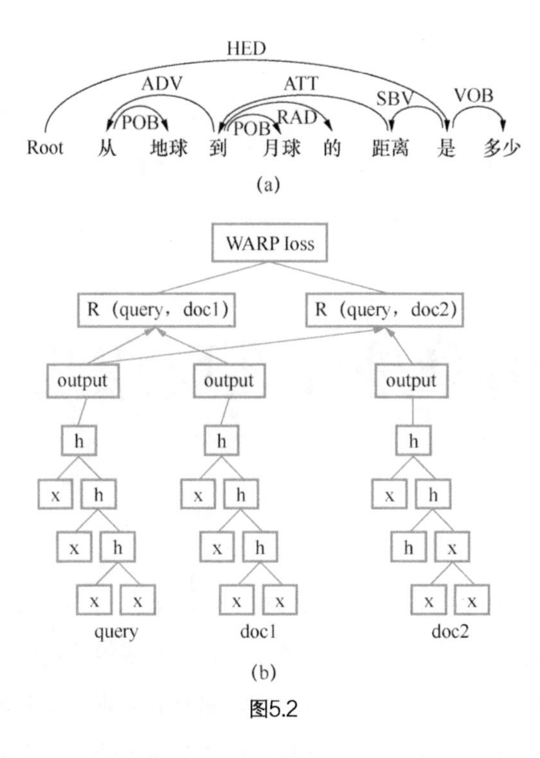

图5.2

另一个模型是直接在用 LSTM 来表示句子向量，其他的训练方式和目标函数都是一样的。

这类模型不光可以用来计算句子相似度，还可以用来计算 query 和 doc 匹配程度以及对问题和答案的相关程度等。

单纯使用一个模型计算句子相似度，还是有很多解决不了的问题，所以还要结合其他模型（如词向量、互信息、同反义词等）来计算句子相似度。

5.5 问题与思考

1．PageRank 的思想及计算公式是什么？

2．相似度计算有哪些方法？

3．语义相似度模型有哪些优缺点及如何进一步优化？

第 6 章 搜索引擎是什么玩意儿

正是 Google 这家搜索引擎公司的巨大成功，才把文本处理相关的技术推向了一个新的高度。其实经过这么多年的发展，搜索引擎技术其实已经很成熟了，如果要搞一个网页搜索出来其实难度降低了不少，但是要把效果搞好，还是有点门槛的，那么搜索引擎到底是什么东西呢？这章我们就揭开它的面纱，我更多是以自己的理解和经验从一个实用的角度去介绍。

6.1 搜索引擎原理

搜索引擎的工作原理是怎样的？很多人都会告诉你一个所谓的大致流程：建索引，然后读索引，归并，计算相关性返回给用户。但是他们并没有告诉你为什么是这样的一个流程，也就是大多数人其实知其然不知其所以然，那么我们就来分析下这个为什么？

假设 Q 为用户要查询的关键词（Query）；D_i为所有网页集合中第 i 个网页；$P(D_i | Q)$就表示给定一个 Q，第 i 个网页满足了用户需求的概率，那么搜索引擎干的事就是根据用户的输入 Query（当然它还包括一些隐性的信息，比如行为、地域等），在所有的网页集合中计算$P(D_i | Q)$，并排序返回给用户。如果网页集合少的话，比如几千个，那么我们完全可以按照前

面介绍的相关性方法把 Query 和每一个网页的相关性计算出来，然后排个序。但是现在问题来了，现在互联网上的网页数量多的惊人（Google 号称索引了万亿量级的网页），试想，这么多网页，刚才那种方法计算量太大，必然行不通，因为绝大多数网页是和用户查询不相关的，不需要去计算，那么就要想办法解决这个问题（过滤掉不相关的网页）？既然没办法直接计算$P(D_i|\mathrm{Q})$，那么就计算它的等价形式或者近似形式（这是搞研究很重要的一个方法，想想看前面哪些机器学习模型也用到了这个方法），使用贝叶斯公式

$$P(D_i|\mathrm{Q})=\frac{P(\mathrm{Q}|D_i)P(D_i)}{P(\mathrm{Q})}$$

我们分析下右边式子的各个因子。

$P(\mathrm{Q})$：它只与 Query 自身有关，对于同一个 Query 来说，它都是一样的，所以我们就可以不计算这个值了。但是这个因子对分析整个 Query 来说还是有用的，对于热门 Query，$P(\mathrm{Q})$较大，必须使右边式子的分子更大才能满足用户需求，也就是说对排序要求越高；相反，对于冷门 Query，$P(\mathrm{Q})$较小，右边式子的分子不用太大都能满足用户需求，也就是说对排序要求较低。其实很容易理解，例如用户搜“腾讯网”（热门 Query），如果哪个搜索引擎第一条不是腾讯网的首页链接，那么这个搜索引擎的效果就太差了，没法容忍；假如用户从某处复制了一串很长的文字（冷门 Query），放到了搜索引擎中去搜，那么只要搜索引擎能返回包含该串的结果就行了，至于排到第一位还是第二位或是其他位置，只要不是太靠后，其实都是可以接受的。

$P(D_i)$：第 i 个网页的重要程度，这个因子就非常好，因为它与用户查询无关，完全可以线下计算好，还记得前面讲的 PageRank 吗？这个值你就可以简单地认为就是网页的 PageRank 值（现在的搜索引擎其实还是融入了很多其他计算因素，可以认为 PageRank 现在只是其中的一个特征）。

$P(\mathrm{Q}|D_i)$：这个因子可以理解为，已知一个给定的网页满足了用户的需求，那么用户的查询是 q 的概率，这个值反映的是一个网页满足不同需求之间的比较。但是这个值也很难直接计算，因为没办法穷举出所有的

Query，怎么办？我们假设 Query 是由若干个词组成（$Q = t_1,\ldots,t_n$），那么

$$P\left(Q|D_i\right) = P\left(t_1,\ldots,t_n|D_i\right)$$

一种策略，如果我们认为$t_1,\ldots,t_n$之间相互独立，那么就有

$$P\left(Q|D_i\right) = P\left(t_1,\ldots,t_n|D_i\right) = P\left(t_1|D_i\right)P\left(t_2|D_i\right)\ldots P\left(t_n|D_i\right)$$

看到了吗？后边式子只与单个的词有关，从 Query 级别转换成词级别就意味着可以线下计算了（从工程的角度，把线上的计算移到线下计算也是优化的方法之一），因为每个网页也都是词组成的，$P\left(t_1|D_i\right)P\left(t_2|D_i\right),\cdots,$ $P\left(t_n|D_i\right)$都可以线下计算好存起来，需要的时候取出来就可以了，同一个词t_i会在若干个文档中出现，那么只要按某一种方式存储起来，就可以一次全部取出来t_i所在的所有文档，这种存储方式就叫**索引**。这下明白为什么要建索引了吧！一个 Query 由若干个词组成，上面的假设$t_1,\ldots,t_n$之间相互独立只是其中一种分解策略，根据具体的情况还会有不同的分解策略，如某些词必须合并到一起，某些词可以替换成另外的词等等，这些都是 Query 分析及页面分析要完成的事情，无论运用哪种或者多种分解策略，都可以分别将它们查到的结果（每一种策略的结果叫一个队列），按它们满足各自查询的概率最终归并起来。

以上这种解释书籍上把它叫做概率语言模型。这也是我比较喜欢的一个模型，因为它回答了很多为什么。大家知道，计算语言模型需要平滑（如果某个$P\left(t_j|D_i\right)=0$，则整个得分就为 0），但是很多商用引擎很少使用平滑技术，而是用 Query 分析来处理。

从上面的式子读者就会说搜索引擎相关性最重要的就是计算$P\left(Q|D_i\right)$和$P\left(D_i\right)$，不准确！还有一个比较重要的，就是左边的那个式子$P(D_i|Q)$，也许，你会问左边那个不是不好计算吗？能计算的话，还用右边的式子干什么呢？解释一下，大家看到由于右边式子中的$P\left(Q|D_i\right)$不好计算，所以对它进行了变形，例如

$$P\left(Q|D_i\right) = P\left(t_1,\cdots,t_n|D_i\right) = P\left(t_1|D_i\right)P\left(t_2|D_i\right)\cdots P\left(t_n|D_i\right)$$

这个式子是有个前提的，就是认为 $t_1,\cdots,t_n$ 之间相互独立，这是个假设。

换句话说，右边式子要想能计算必须在某个假设（上面假设只是其中一种）下，假设意味着和实际是有区别的，所以得有个方法来修正不在假设范围内的情况。因此如果直接计算$P(D_i|Q)$，哪怕方法很简单都会有很大的帮助，如果不知道所有的Query，解决一部分Query也可以，那用什么方法呢？**点击！**现在搜索引擎都会记录用户在哪个Query下点击了哪些网页，以及顺序、时间、停留时长等。最简单的情况，给定一个Query，$P(D_i|Q)$是不可以用所有用户在该Query下点击第i个文档的次数来表示，点的越多说明该文档越能满足用户需求，实际使用中是按照点击在已有相关性上调权，而不是直接用来排序。点击调权在排序列表均是同类数据的情况下是很有效果的，但是对于排序列表是由不同类数据组成的情况，就会有问题——某些类数据就会因为点得越多而排得越高，排得越高进而点得越多，其他类数据就会吃亏。这其实就是开发和探索问题（Exploitation & Exploration），开发在于充分利用好已有信息，探索在于给新信息一些机会，如何平衡二者是要解决的问题，通常来说，业务稳定了会侧重开发，业务发展中会侧重于探索。

6.2 搜索引擎架构

知道了搜索引擎原理，那么整个搜索引擎的工作流程是怎么样的呢？抛开数据存储、数据传输和日志存储等工程任务后，框架如图6.1所示，主要分为线下计算和线上计算两大模块。

线下模块

爬虫会从互联网上抓取所有网页，抓取下来之后就要做很多事情：网页解析、权重计算（主要是term权重计算和文档综合计算），然后要对网页建立索引，一般网页是要分库分机来建索引的。

线上模块

当用户输入一个Query之后，它首先会发到主控模块（MC，Main Control），该模块接着会把Query输入给Query分析模块（QA，Query Analysis），然后获得Query分析结果，之后把所有这些信息发给每一个基础搜索模块（BS，Basic Search）。搜索模块就会从每个索引库（index）中读相关的索引并且归并完成初步筛选，并且在 BS 中通过基础相关性计算来完成二次筛选，将结果返回给主控模块，主控模块这时候还要经过高端排序（AR，Advance Rank，主要是不同维度的子排序模型）进行 rerank，最后从摘要库（AD，Abstract Data）里把相应的摘要获取到一并将结果返回给用户。这就是整个搜索的流程。

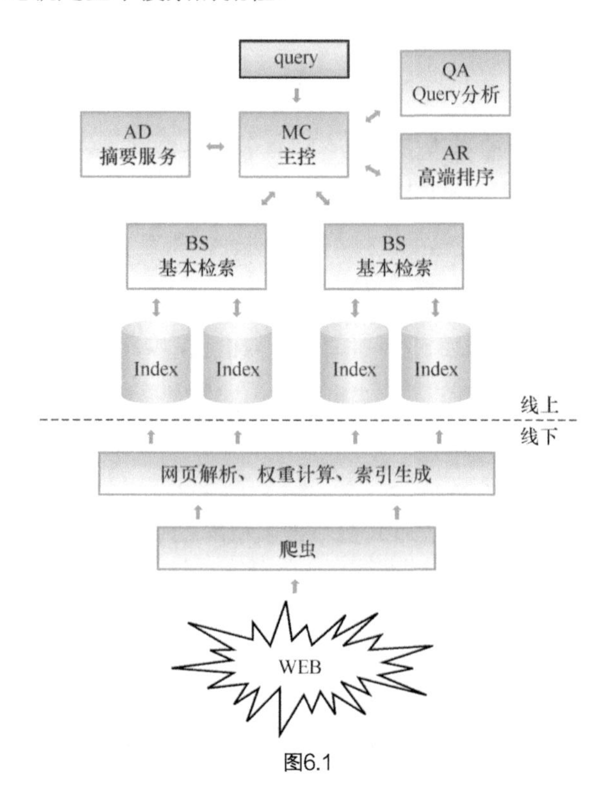

图6.1

6.3 搜索引擎核心模块

搜索引擎涉及的内容很多，在这节中，我们只看下几个核心模块都干些什么事情。

爬虫

爬虫的主要职责就是从互联网上抓取网页。这是一个很形象的名字，就像是虫子在网络上爬一样，它的要求就是抓得尽可能全，尽可能得快。还记得前面说过整个网络因为链接构成了一个图，既然是一个图，遍历图的方法就有两种：深度遍历和广度遍历。所以爬虫一般的工作方式就是，首先给定一些初始链接种子，然后对这些链接进行深度或者广度遍历来获得更多的链接，直到把整个网络都爬取下来。这里有个问题需要注意，就是不要反复再去抓取已经抓取过的链接。

网页解析计算

这个过程包括：网页解析、权重计算、索引生成。

网页解析。抓取下网页之后，得到的其实是原始网页内容，那么就需要对它解析，目的是去掉无用的信息，得到真实内容。这个过程包括格式转换（网络上会有不同格式例如 html、doc、pdf 等的文件）、去掉 html 以及广告等标签，最终解析出网页标题、正文等等。

权重计算。权重计算主要包括这么几个步骤：term 权重计算和文档综合。term 权重计算相当于计算 term 和该网页之间的相关度（就是前面说的 $P(\mathrm{t_j}|D_i)$）。不同的词出现在不同的位置，它的重要程度就不一样，比如在 title 中就比在正文中出现要重要；就算都出现在正文中，由于词在不同位置或者有不同的标签，也会对它的权重计算有影响。总之，计算 term 权重考虑的特征就是页面特征，如 title、正文和各种 html 标签等。文本特征包括 tf、idf、位置等等。语义特征包括实体词、词关系、上下文信息、topic 和 embedding 向量等。文档综合计算就是计算该网页文档的一些不同维度的得分，如时间因子、文档质量、网页主题、超链权重（PageRank）等，这些信息会进一步用在子排序模型。

索引生成。要索引进库的不光是文档的原始 term，还可以进行**索引扩充**，对 term 的同义词、相关词、bigram 等（不同的搜索引擎有不同的扩充策略）也要进行索引，最终生成索引库。因为数据量太大，索引库一般是要分库的。分库分为两个维度：横向和纵向。不同的搜索引擎会有不同等级的分库法，但是总的原则就是分为高质量库和低质量库，其实就像个金字塔，塔上面是高质量库且网页数量少，塔下面是低质量库且网页数量大。纵向就是指先在高质量库中检索，如果满足需求就返回，否则再去低质量库中检索。不管是高质量库还是低质量库都有很大的数据量，不可能一台机器搞定，所以要把它们分成小库分别部署到不同的机器上。所谓横向就是去检索高质量库或者低质量库的时候，会去同时检索每台机器的小库（高质量库或低质量库均分别拆分成若干个小库），然后汇总归并。后面将会介绍索引结构。

以上讲的都是线下需要完成的一些工作，下面我们再看看线上需要做哪些工作。

Query 分析模块（QA）

Query 分析在搜索引擎中是很重要的一个模块。它的主要职责就是对用户输入的 Query 进行各种分析计算供下游检索使用。它主要包括如下几个模块。

1. term级别分析

term 级别主要包括这么几个任务：分词 / 专名识别、term 重要性、term 紧密度。

分词 / 专名识别。对中文的处理，分词肯定是少不了的。专名识别方法包括词表识别（影视名、音乐名等）和机器学习识别（人名、地名、机构名等），还记得前面讲的 CRF 模型吗？专名识别的主要用处其实还是在后面要介绍的 term 紧密度上。

term 重要性计算。一个 Query 会包含多个 term，那么就要给每个 term 计算一个权重，权重越高越重要。一般来说计算一个 term 的重要性使用的方法都是 tf*idf，tf 是局部信息，idf 是全局信息，但是在 Query 中一般来说 tf 都是 1 如果使用 tf*idf 的话，相当于只是使用了 idf，效果肯定不好，所以优化的思路都是根据 Query 的特点对“tf”进行优化，也就是用某一些方法计算局部信息，然后和 idf 相乘。而且计算 term 重要性其实是对 Query 中的各个 term 进行一个排序，自然也可以使用机器学习模型来计算。

计算出来 term 重要性之后，它有什么作用呢？一是用来计算相关性，二是对不重要的词可以省略掉，不用下发下去，这样就能扩大召回候选集合，如果这个操作太激进的话，有可能会召回一些语义漂移的候选集合，所以为了避免这种情况，有两种做法：一是提升省略的效果；二是进行二次召回，也就是一次正常召回不够的情况下再进行省略召回。

term 紧密度。term 紧密度是用来计算 term 之间的位置信息的。举例来说，有个 Query 是“老大的幸福在线观看”（分词结果为老大 / 的 / 幸福 / 在线 / 观看），在这个 Query 中，“老大的幸福”就是最紧密的，因为它是个专有名词（电视剧名）。这意味着召回的结果中，它们必须合并到一起，不能分开；“在线 / 观看”是其次紧密的，召回的结果中，它们尽量合并到一起，分开也可以接受；“老大的幸福”和“在线观看”是不紧密的，召回的结果中，这两个短语间可以出现其他词语。看到了吧！ term 紧密度也是用来相关性排序的，检索出来的文档中相应 term 的紧邻关系也要尽可能和 Query 中的保持一致，越一致的自然更好。

2. Query级别分析

Query 级别分析最主要包括这么几个任务：Query 意图识别、Query 时效性判断，当然还有地域信息、属性归一等。

Query 意图识别。Query 意图识别说白了就是看该 Query 是什么类别的，例如是视频需求，是百科需求，还是小说需求等等，因为不同的类别对相应的网页有不同的提权。一般 Query 意图识别的方法有这么几种：（1）模板匹配；（2）基于分类思想的识别方法；（3）根据点击反馈的判别方法。

Query 时效性判断。时效性一般分为三种：泛时效性、周期时效性、突发时效性。泛时效性是指有些 Query 永远具有时效性特性，如减肥、财报等，永远是越新越好；周期时效性是指具有周期性的事件，如高考、世界杯等；突发时效性是指突然发生的事件，如哪里又发生军事冲突了，哪里又发生地震灾害了等等。前两个时效性根据历史信息是可以积累挖掘的；突发时效性可以根据 Query log 的分布变化或者一些社交平台的爆发或者文档主题变化等渠道检测出来。与时效性差不多的，还有个地域性判断。

3. Query变换

Query 变换其实也是属于 Query 级别的分析，但是它比较重要。Query 变换说简单点就是一个 Query 可以替换成另一个 Query 而不改变原来的意思，主要包括：同义改写、纠错改写、省略变换等。

同义改写。同义改写其实是指 Query 中某些 term 可以替换成其他同义的 term 而不影响这个句子的意思，例如“招商银行官网”改为“招行官网”。

纠错改写。纠错改写是指 Query 中有些是用户输错的，需要根据用户的意图把它改写正确，例如,“天龙八步在线观看”改为“天龙八部在线观看”。

省略变换。省略变换是指 Query 中有些词省略之后不影响整个意思，例如“招行客服电话”改为“招行电话”。

其实 Query 变换不管哪种变换，技术都是一样的，目的都是 term A 替换成 term B 后整个句子的意思没有变化，省略变换其实就是 term A 替换成空，是一个特例而已。在 Query 变换中一定要强调的是，Query 变换一定是句子级别的替换，否则会出现严重的 badcase。例如“南航网上值机”如果替换成“南京航空航天大学网上值机”就是错误的，意思偏离了（南航的同义词是南京航空航天大学和中国南方航空）。大多数搜索引擎的替换其实都不是句子级别的替换，有的直接替换成同义词然后去读索引，然后对同义结果降权，这其实是不好的处理方法，因为会引入一些噪声给排序增加了困难。既然 Query 变换是句子级别的，那就相当于是一个新的 Query，既然是新的 Query，那就像对待原 Query 一样去检索，不同的 Query 召回的结果放到不同的队列中，最后根据权重归并起来。

Query 变换技术其实和机器翻译有点类似，给某个 Query S，找到最佳的替换 Query T 的模型就是

$$\mathrm{T}^* = \mathrm{argmax}_{\mathrm{T}} P(\mathrm{S} \mid \mathrm{T}) P(\mathrm{T})$$

其中 P(T) 就是语言模型，P(S|T) 就是 Query T 替换成 Query S 的转换

概率。这样就遇到了和机器翻译差不多的一些问题：替换对的挖掘及概率计算、语言模型的参数估计、最优解的搜索算法等等。

主控模块（MC）

主控模块它主要的职责就是调度。调度其实比较好理解，它把接收到的用户 Query，发给 QA，获得 Query 分析结果，然后把结果发给 BS 模块，获得结果，然后进行高端排序，然后从 AD 模块中获得摘要信息，返回给用户。

高端排序（AR）

在 MC 模块中，已经拿到了各个 BS 模块返回的结果。这时就可以对 BS 返回的候选集合进行高维度排序，主要是在 BS 返回得分的基础上进行一些不同维度的子排序模型，因为在这个模块可以拿到更多的信息，而且大多会加大参考 Query 分析的信息，大概有这么多的模型：页面质量调权、Query 需求调权、时效性调权、多样性调权、权威度调权、点击调权等等。点击模型算是很重要的一个模块了，它需要线下对 Query 的点击行为做很多计算。它有好几种模型，读者可以参考下这篇文章《A Dynamic Bayesian Network Click Model for Web Search Ranking》，其中对 DBN 模型讲的非常清楚。

还记得前面说的每个 Query 变换结果返回一个队列，那么返回的结果就会有多个队列（刚才讲的子排序模型就是分别作用在每个队列上），这就需要进一步的业务调权（这个就是最后的排序模型），包括多队列 PK 和人工规则调权（例如多样性，《Diversifying Search Results》）。

基础检索模块（BS）

基础检索模块也是非常重要的模块，它负责把结果从索引库中召回并按照相关性返回给 MC 模块。但是大型搜索引擎并不是像 6.1 节中介绍的那样，计算相关性返回给用户，因为计算量太大，相反它们是逐步筛选再返回给用户。

BS 模块首先从索引库中读取索引，并且归并，获得初步的候选集（一般是万数量级），然后就会进行**一次过滤**。一次过滤其实就是使用很简单的模型（BM25 等）进行粗排，因为计算量大，所以方法不能太复杂，这时获得 Top N（一般是千数量级）的结果进入到**二次过滤**。二次过滤是计算更完善的相关性模型进行精排，主要这几个特征：（1）term 权重 * 位置信息，term 权重其实就是 Query 分析时计算的权重和线下计算 term 权重的平均（一般搜索引擎的相似度只到了 proximity 层面，即权重和位置层面，可以回顾下前面的相似度计算）；（2）语义信息，如主题的匹配程度、核心词的匹配程度等；（3）文档质量，如文档页面质量、文档时间因子等；前两次筛选其实是在单库（记得前面说过 index 是分库的吗）内进行，这样 BS 模块就得到了最终的 URL 列表。

总结一下，就是 BS 模块会进行召回、粗排和精排三个操作，越到后面返回的候选集合越少，计算模型也越复杂，到了 AR 模块就是 rerank，包括不同维度的子排序模型调权和业务规则调权。

这里可以看到，精排的时候计算了很多特征，一种方法是人工设定参数来排序，自然会有不少参数，而调参又是很头疼的一件事情，于是，人们就很自然想到用机器学习来解决这个问题。还记得前面讲的最优化问题和机器学习吗？这里介绍的另一种方法就是 Leaning to Rank，用排序学习的方法来处理，如图 6.2 所示。

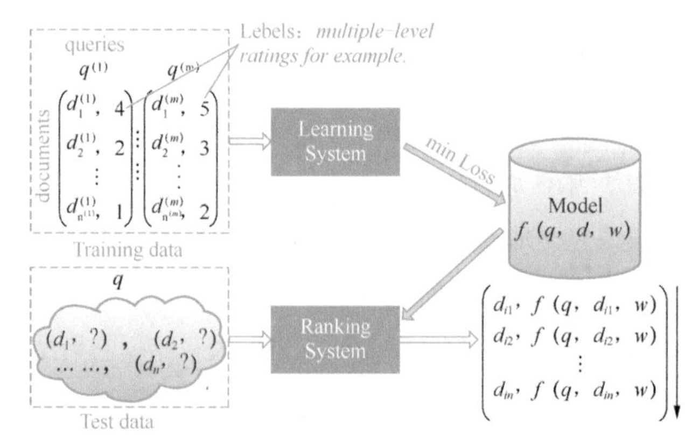

图6.2

它的模型主要有3种：Pointwise、Pairwise和Listwise。说白了就是把排序模型转换成分类或者回归机器学习最容易搞定的问题，特征就包括Query和doc的特征以及相关的一系列特征，Leaning to Rank的论文已经很多了，稍微有点机器学习基础，就可以很容易看懂它的原理。在这儿简单说下这三个模型。

（1）Pointwise方法的主要思想是将排序问题转化为多类分类问题或者回归问题，也就是将（Query，di）的标注结果（一般5个label，即Perfect=5, Excellent=4, Good=3, Fair=2, Bad=1）作为一个类别。这就有个假设，就是Query独立的，即只要（Query, document）的相关度相同，例如都为“perfect”，那么它们就被放在同一个类别里，即属于同一类的实例，而无论Query是什么。这种方法比较简单，而且没有考虑顺序信息，考虑的是全局相关性，所以对有明确目的的搜索来说效果并不是很好。实现Pointwise方法的有McRank、其他判别模型等，而CTR预估一般用的就是这类模型。

（2）Pairwise方法的主要思想是将排序问题转化为二元分类问题。对于同一个Query，在它的所有相关文档集里，对任何两个不同label的文档，都可以得到一个训练实例对，例如（d1，d2）分别对应label为5和3，那么对于这个训练实例对，给它赋予类别+1（5>3），反之则赋予类别-1。于是，按照这种方式，我们就得到了二元分类器训练所需的样本了。该方法不再是Query独立的，因为它只对同一个Query里的文档集生成训练样本。但是它也有缺点，例如Query1对应的相关文档集大小为6，Query2对应的相关文档集大小为1000，那么从后者构造的训练样本数远远大于前者，从而使得分类器对相关文档集小的Query所产生的训练实例区分不好。实现Pairwise方法的有RankSVM，还有RankNet、Frank、RankBoost和GBRank等。

（3）Listwise方法的主要思想是直接对排序指标（例如NDCG，后面会具体介绍）进行优化，也就是把某个Query及其整个排序结果作为一个样本。对于一个给定的Query，以及其对应的document list，现在已经得到了一个标注好的分数列表 z（例如，每个文档的点击率等），然后采用某种排序函数 f 给每个 document 打分，得到一个预测排序得分列表 y，然后再采用某种函数来作为损失函数 $L(z,y)$。实现 Listwise 方法的有 ListNet、SVM-MAP、LambdaRank、LambdaMART 等。

现在不少搜索引擎都已经开始加入了 Leaning to Rank 方法，但并不是直接用一个 Learning to Rank 排序就完了，而是用它来计算一些高级特征供最上层排序使用。

我们介绍下比较常用的 LambdaMART 模型。这个模型其实是由 LambdaRank 衍化而来，而 LambdaRank 又是由 RankNet 优化来的。我们就从头开始讲，RankNet 是微软在论文《Learning to Rank using Gradient Descent》中提出来的，它是从概率的角度来解决排序问题，是以错误 pair 最少为目标的算法。首先定义任意一堆 URL 对 $\{U_i,U_j\}$，模型输出的得分分别为s_i和s_j，那么 U_i 比 U_j 更相关的真实概率为

$$\overline{P_{ij}}=\frac{1}{2}\left(1+S_{ij}\right)$$

也就是说，如果 U_i 比 U_j 更相关（例如，训练语料中 U_i 与 Query 相关性 label 为 5，U_j 与 query 相关性 label 为 3），那么 $S_{ij}=1$；如果 U_i 不比 U_j 相关，那么$S_{ij}=-1$；如果 U_i、U_j 和 Query 的相关度相同，那么 $S_{ij}=0$；

而 U_i 比 U_j 更相关的预测概率为

$$P_{ij}=P\left(U_i>U_j\right)=\frac{1}{1+e^{-\sigma\left(s_i-s_j\right)}}$$

有了这两个概率，RankNet 使用交叉熵作为目标函数，即

$$\begin{aligned}C_{ij}&=-\overline{P_{ij}}logP_{ij}-\left(1-\overline{P_{ij}}\right)\log\left(1-P_{ij}\right)\\&=\frac{1}{2}\left(1-S_{ij}\right)\sigma\left(s_i-s_j\right)+\log\left(1+e^{-\sigma\left(s_i-s_j\right)}\right)\end{aligned}$$

$$C=\sum_{(i,j)\in I}C_{ij}$$

其中，I 表示所有 URL pair 的集合，且每个 pair 仅包括一次。

这时候就可以使用梯度下降法来求解参数 w_k 了。在求解的过程中，作者进行了提速优化，即根据一系列推导，得到如下公式

$$\frac{\partial C}{\partial w_k}=\sum_{(i,j)\in I}\lambda_{ij}\left(\frac{\partial s_i}{\partial w_k}-\frac{\partial s_j}{\partial w_k}\right)=\sum_i\lambda_i\frac{\partial s_i}{\partial w_k}$$

其中

$$\lambda_{ij}=\frac{\partial C_{ij}}{\partial s_i}=-\frac{\partial C_{ij}}{\partial s_j}=\sigma\left(\frac{1}{2}\left(1-S_{ij}\right)-\frac{1}{1+e^{-\sigma\left(s_i-s_j\right)}}\right)$$

假设集合 I 中只包含有序对，即 U_i 相关性大于 U_j，这时候 $S_{ij}=1$，于是就可以简化成

$$\lambda_{ij}=-\frac{\sigma}{1+e^{-\sigma\left(s_i-s_j\right)}}$$

$$\lambda_i=\sum_{(i,j)\in I}\lambda_{ij}-\sum_{(j,i)\in I}\lambda_{ij}$$

λ_i决定着第 i 个 URL 在迭代中的移动方向和幅度，也就是说，对于某个 URL U_i 真实的排在 U_i 前面的 URL 越少，排在 U_i 后面的 URL 越多，那么该 URL U_i 向前移动的幅度就越大，即λ_i负的越多越向前移动。这表明每个 URL 下次调序的方向和强度取决于所有同一 Query 的其他不同 label 的 URL。

RankNet 以错误 pair 最少为优化目标，很显然这并不是最优的，往往像 NDCG 等指标却是比较符合真实情况的，但是 NDCG 是非平滑不连续函数，无法直接求梯度。LambdaRank 就是直接来定义梯度解决这个问题，它更多的是一个经验算法。它的 Lambda 梯度定义如下

$$\lambda_{ij}=\frac{\partial C\left(s_i-s_j\right)}{\partial s_i}=-\frac{\sigma}{1+e^{-\sigma\left(s_i-s_j\right)}}\left|\Delta_{NDCG}\right|$$

它由两部分组成，一是 RankNet 中的梯度，一是交换 U_i 和 U_j 位置后 NDCG 指标的差值。损失函数的梯度代表了文档下一次迭代优化的方向和幅度，由于引入了 NDCG 等评价指标，Lambda 梯度更关注位置靠前的优质文档的排序位置的提升，有效地避免了下调位置靠前的优质文档

的位置。

我们看到 LambdaRank 是绕开了损失函数，直接定义梯度，而 Lambda MART 其实就是 Lambda 和 MART（GBDT）的结合。MART 是一个树模型的框架，树模型是需要计算梯度的，而将 LambdaRank 中的梯度引进来那就组成了 LambdaMART 模型。细节推导大家可以查阅论文《From RankNet to LambdaRank to LambdaMART: An Overview》。

既然有了模型，那么**特征**有哪些呢？主要有这么几类：（1）Query 信息，包括前面介绍的 Query 分析的东西、Query 频次、点击次数等等；（2）文档信息，包括文档的基础得分，文档的类别、长度、主题、时间等等；（3）匹配信息，主要是 Query 和 doc 的匹配信息，如 BM25、cover 率，所有 BS 模块算的匹配得分都可以融合进来；（4）语义信息，包括从语义层面 Query 和 doc 的相关性；（5）用户行为，包括各种维度的点击行为、阅读时长、Session 内上下文等等。

训练语料的获取一般就是两种情况：一是请标注人员来专门标注；二是从日志中来抽取，如在某个 Query 下，某个文档 U_i 被点击过，而另一个文档 U_j 没有被点击，那么就可以认为 U_i 比 U_j 更相关。训练语料对最终效果有很大影响，所以抽取出更高质量的语料也是一项非常重要的工作。

随着深度学习的发展，不少人尝试用深度学习解决排序问题，现在不少引擎已经开始加入语义相似度模型来计算相关性了，具体就是计算 Query 的语义表示和 doc 的语义表示的匹配程度（请参考图 5.1）。这个内容我们已经在第 3 章的深度学习匹配模型应用和第 5 章的相似度计算讲解过了，在此就不在重复。

前面我们一直在提索引，以及索引归并，那么索引到底是什么样子呢？索引结构简单说如图 6.3 所示（term->postings list）。建索引的过程就是把文档的正排信息（一个文档有若干个 term 组成，每个 term 有位置、权重等属性）建立索引（倒排信息，从 term 找到所对应的的文档）。

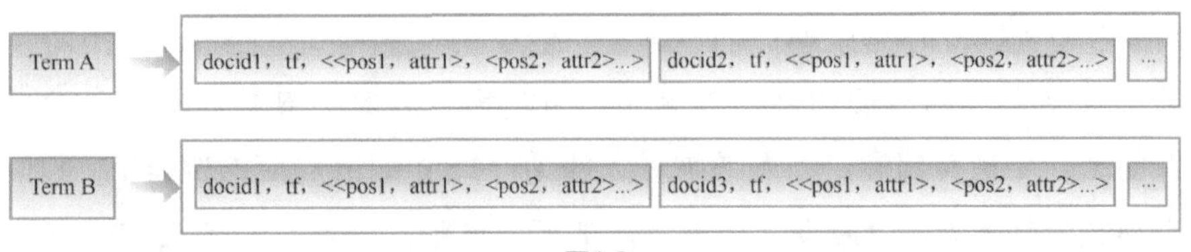

图6.3

还记得前面在搜索引擎原理中讲的索引就是根据 term 很快找到包含它的文档，所以一个索引结构其实可以简单地看作就是 key-list 结构。例如图 6.3 中，term A 在 docid1 和 docid2 中出现，且它在 docid1 中分别出现在 pos1 和 pos2 的位置上，且属性（例如权重）分别是 attr1 和 attr2。是不是很好理解？通常一个 term 后面的 list 中文档是要按某种方式排序的，一般是按照文档号递增来存储的，怎么排序取决于用什么算法来归并。好，现在设计好了索引结构，对所有文档建立了这样一个倒排索引库，那么剩下的问题就是，有一个 Query，它分词之后有可能有多个 term，那么怎么找到都包含这些 term 的文档呢？也就是要怎么归并这些 key-list。索引归并主要有两种方法：TAAT 和 DAAT。

Term-At-A-Time（TAAT）：在 TAAT 的查询处理过程中，它每次只打开一个 term 对应的倒排链（list），然后对其进行完整的遍历。所以它每处理一个文档只能得到这个词对这篇文档的贡献，只有处理完所有 term 的倒排链后，才能获到文档的完整得分。因此，TAAT 查询处理方法通常需要一个数组来保存文档的临时分数，这个数组的大小通常与文档集规模相当，所以当文档集规模很大时，这个额外数组存储开销会变的非常大。

Document-At-A-Time（DAAT）：在 DAAT 的查询处理过程中，它首先会打开各个 term 对应的倒排链；然后同时对这些倒排链进行遍历。每次对当前文档号最小的文档计算相关性得分。在处理下一篇文档之前，它会完整地计算出当前处理文档的最终相关性得分。因此，DAAT 的查询处理过程中，它只需使用较少存储空间来保存当前得分最高的文档及其得分，通常这些数据使用优先队列来存储。

当数据量较大的时候，通常采用 DAAT 的方式进行查询归并，用的更多的是基于文档号递增排序的倒排索引结构。假设使用 DAAT 方式来归并的话，还是有问题，一般数据量大的话，每个 term 对应的倒排链（list）会很长，如果 list 中每个文档都遍历的话，性能还是不高，那么有没有办法跳过不可能出现在结果中的文档呢？有，跳表就是其中一种方法。

跳表可是一种简单且高效的数据结构，著名的开源 kv 系统 redis 和 leveldb 都使用了跳表作为它们的核心数据结构。跳表是一个有序链表，它在原链表上设置了若干层的有序链表，每一层都比上一层的节点要少。例如要查找图 6.4 中 39 这个元素，就按照图中红色路线就可以查找到，比在原链表上查找路径要短（跳过了很多元素），这也就是它的优势。所以使用跳表可以加快链表归并。跳表的具体细节网上介绍得很多了，大家也可以参考原论文《Skip Lists: a Probabilistic Alternative to Balanced Trees》。

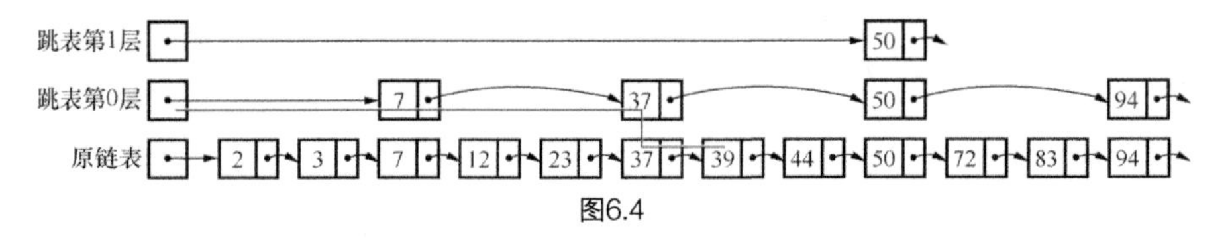

图6.4

对于搜索一般有三个常用的查询表达式：AND、OR 和 NOT。这三种查询表达式也比较好理解，举个例子就明白了：A AND B 表示 A 和 B 必须同时出现；A OR B 表示 A 和 B 必须出现其中之一；A NOT B 表示出现 A 但不能出现 B。下面我们看看还有什么更好的算法能同时解决 AND 和 OR 查询，又能提高性能。

从前面使用跳表可以看出，跳表的优化只对 AND 查询有用，对 OR 查询不起作用（读者可以思考下为什么），所以要同时满足 OR 查询，那就要另想方法来优化了。优化的思路就是剪枝限界，这是很常用的方法。在 DAAT 查询处理方式中，有两个经典的动态索引剪枝算法：MaxScore 和 Weak-AND（WAND，是 AND 查询和 OR 查询的扩展）。它们都是通过计算每个 term 的贡献上限来估计文档的相关性上限，从而建立一个阈值对倒排中的结果进行减枝，最终达到提速的效果（也就是有些文档不用再计算相关性了，直接跳过）。WAND 算法首先要估计每个 term 对相关性贡献的上限，最简单的相关性就是 TF*IDF，IDF 是固定的，所以就是估计一个 term 在文档中的词频 TF 上限。一般 TF 需要归一化，即除以文档所有词的个数，因此，就是要估算一个 term 在文档中所能占到的最大比例，这个线下计算即可。知道了一个 term 的相关性上界值，就可以知道一个 Query 和一个文档的相关性上限值，就是他们共同 term 的相关性上限值的和，然后和一个阈值（一般是 Top-N 的最小值）比较，小于就跳过。MaxScore 和 WAND 算法都是精确的动态索引剪枝算法，其精确性主要通过以下 3 方面进行保证。

（1）对候选文档估算的得分都是高估的，即估算得到的分数大于或等于文档的真实得分。

（2）跳过的文档的估算分数都小于当前 Top-N 的阈值，即不存在文档真实分数大于 Top-N 的阈值而未被加入到 Top-N 结果中的情况。

（3）对于 Top-N 结果列表中的文档，都进行了完整的打分。即 Top-N 结果中的文档与完全遍历查询处理对这些文档处理得到的分数是一样的。所以这两个剪枝算法得到的 Top-N 结果与完全遍历查询处理得到的 Top-N 结果是完全一致的。因此，它们是精确的动态索引剪枝方法。思路很好理解，就是把不可能得高分的文档减掉，不再进入后面的计算，具体细节大家可以参考下相关论文，例如《Efficient Query Evaluation using a Two-Level Retrieval Process》。还有一种做法是从词的角度进行限定，还记得前面讲到在 Query 分析的时候计算 term 重要性，term 重要性的作用不光是计算相关性，还有一个作用就是，对于重要的词必须出现，对于较不重要的词出现更好但并不是必须的，对于一点儿都不重要的词压根就可以不去读它的索引链，这就衍生出来三种词的查询逻辑：and、or、not（为了区分前面的查询表达式，用小写）。and 操作表示该词必须出现，or 操作表示出现更好，但是不是必须的，not 操作表示该词不能出现，用的较少，主要还是 and 和 or 操作用的较多。这种说法是针对词来说的，也就是 and、or 和 not 操作都是单个词的属性（不要和前面的 AND 查询和 OR 查询混了，AND 查询和 OR 查询是描述词之间的关系）。这样，读索引归并的时候就必须保证 and 操作的词必须出现，否则直接跳过计算。这种做法和前面讲的动态索引剪枝算法最大的区别是，它对 term 重要性分析的要求提高了。举个例子来说，一个 Query 由三个 term A、B 和 C 组成，计算出它们的权重分别是 0.9、0.89 和 0.88（权重区分度不大，意味着不一定 term A 就是最重要的，term C 就是最不重要的，除非 term 重要性分析的非常准确，但是 100% 的准确率几乎不可能做到）。那么在不存在同时包含这三个词的文档的前提下，为了增加召回（对于小数据量的搜索系统召回问题就更加凸显了），就有可能丢掉一个 term 来扩大召回，后者的做法肯定是丢掉 term C（因为它的权重最低），然后召回同时包含 term A 和 term B 的文档。而对于动态索引剪枝算法来说，它有可能召回同时包含 term B 和 term C 的文档（自然会召回同时包含 term A 和 term B 的文档），这种情况下，动态索引剪枝算法就显得更好了。所以一个好的架构一定要注意的一点，就是要尽可能降低短板效应对整个系统的影响。

上面讲的索引结构其实是较简单的一种形式，真正设计的时候就会很复杂了，会把不同的信息分到不同的结构中。较简单的如会构建 4 个不同的数据结构，分别是词典库（存放 term 及其在索引库的位置偏移，一般常驻内存）、位置库（存放 term 在文档中的位置信息，根据数据规模决定存放磁盘还是内存）、属性库（存放 term 的其他属性，词频，权重等等，也是根据数据规模决定存放磁盘还是内存）和跳表库（存放跳表指针，一般常驻内存）。查找的时候首先查词典库，然后根据位置偏移查找相关信息，对于磁盘索引的话，也可能会用到其他的一些数据结构（例如有序数组、B+ 树或者 LSM 树等，这些数据结构的目的就是提高读写性能，因为磁盘 I/O 操作性能不高，要尽可能地减少磁盘 I/O 操作）。有些索引还需要压缩存储等等，对一般的网页还有可能要分域（如标题域、正文域等），所以设计一个高效的索引系统也是需要很多的技术的。

搜索引擎评价。讲完了搜索引擎的技术，那么搜索引擎怎么评价呢？每次更新完算法都要知道效果是变好了还是变坏了吧！常用的搜索引擎评价指标有：MAP、NDCG、MRR 等，当然还可以 AB-testing 来对比两个系统的指标。

MAP（Mean Average Precision）是一种很简单的评价方法，计算公式如下。

$$\text{MAP} = \frac{1}{Q}\sum_{q=1}^{Q}\left(\frac{1}{R}\sum_{r=1}^{R}\frac{r}{pos(r)}\right)$$

其中，Q 为 Query 总数，R 为相关文档的总数，pos(r) 为第 r 个相关文档的排序位置。

假设有两个 Query，Query1 有 4 个相关网页，Query2 有 5 个相关网页。对于 Query1 检索出 3 个相关网页，其位置分别为 1、3、5，平均准确率为 (1/1+2/3+3/5+0)/4=0.57。对于 Query2 检索出 3 个相关网页，其位置分别为 1、2、5，平均准确率为 (1/1+2/2+3/5+0+0)/5=0.52。则 MAP=(0.57+0.52)/2= 0.545。

DCG（Discounted Cumulative Gain）这种方法基于两点假设：（1）高相关性的文档比边缘相关的文档要有用得多；（2）一个相关文档的排序位置越靠后，对于用户的价值就越低。这种方法为相关性设定了等级。作为衡量一篇文档的有用性或者增益，DCG 方法的定义（有的文献公式会有不同）为

$$\text{DCG}_\text{p} = \text{rel}_1 + \sum_{\text{i}=2}^{\text{p}}\frac{\text{rel}_\text{i}}{\log_2 \text{i}}$$

rel_i 为在排序位置为 i 的文档的相关性等级（一般相关性等级分为 5 等：非常差（$\text{rel}_\text{i} = 1$）、差（$\text{rel}_\text{i} = 2$）、一般（$\text{rel}_\text{i} = 3$）、好（$\text{rel}_\text{i} = 4$）和非常好（$\text{rel}_\text{i} = 5$））。为了便于平均不同查询的评价值，可以通过将每个排序

位置上的 DCG 值与该查询的最优排序的 DCG 值（人工标注的）进行比较，得出一个归一化的值，也就是 NDCG 值，这也是目前最长使用的评价指标，即

$$\mathrm{NDCG_p} = \frac{\mathrm{DCG_p}}{\mathrm{IDCG_p}}$$

$\mathrm{IDCG_p}$ 即为某一查询的理想的 DCG 值。

举例来说，一组 6 个文档的排序的相关性等级和理想等级分别为

3, 2, 3, 0, 0, 1

3, 3, 3, 2, 2, 2

可以计算出它们对应的 DCG 值分别为

3, 5, 6.89, 6.89, 6.78, 7.28

3, 6, 7.89, 8.89, 9.75, 10.52

那么$\mathrm{NDCG_6} = \frac{7.28}{10.52} = 0.69$。

MRR（Mean Reciprocal Rank）主要考察第一个正确答案排名的准确率，所以更多地用在导航类或者问答类的评价上，它的定义如下

$$\mathrm{MRR} = \frac{1}{Q}\sum_{q=1}^{Q}\left(\frac{1}{Rank_q}\right)$$

$Rank_q$ 是第 q 个 Query 的第一个正确答案的排名。

例如，Query1 正确答案排在了第三位，Query2 正确答案排在了第二位，则 MRR = (1/3 + 1/2) / 2 = 0.417。

至此，搜索引擎涉及的核心模块就已经介绍完了，想必大家对搜索引擎已经不再陌生了。论文《Ranking Relevance in Yahoo Search》和《Newral Models for Information Retrieval》总结得很不错，大家可以看看，而一个完整的搜索引擎还有很多相关模块，包括：

- 输入提示；
- 相关搜索；

- 反作弊 / 反垃圾；
- 网页去重。

在工程上，还有一个很重要的功能就是缓存（Cache）。Cache 就是把经常用到的数据缓存起来，如果要再使用的话，不用发送到下游，直接读取就可以了。所以 Cache 的最大作用就是提高性能，在好多模块都可以使用 Cache 来提高性能（如果 Cache 命中率不高的话，花在 Cache 数据替换的时间反而很高，也就没必要使用了），而且 Cache 还有个时间周期的问题，就是说 Cache 是缓存一定时间段内的数据，过了这个时间段就要清除，重新生成 Cache，这样能保证新数据进来。总体来说，网页搜索引擎还是有门槛的，数据量大，计算要求也高，但是垂直搜索引擎就简单不少了，一般垂直搜索引擎都是自己的数据，很多模块都不需要了（例如，PageRank 计算、爬虫、解析等），而且数据量小，计算要求也低。

搜索引擎还有很重要的一些技术点，就是根据 **Query log**、**Session 数据**和**点击数据**进行各种挖掘工作，而这几类数据也是搜索引擎特有的优质资源。Query log 很容易理解，就是所有用户搜索的 Query 的集合。Session 数据是用户搜索行为的时间序列，如某用户首先搜了 QueryA，然后 1 分钟后又搜了 QueryB，再过了半个小时又搜了 QueryC，那么 QueryA 和 QueryB 一般来说就会有很大关联。如果海量用户都有这种行为的话，QueryB 就可以作为 QueryA 的相关搜索词推荐出来；点击数据记录的是用户搜索了某个 Query，然后点击了哪些 doc，如图 6.5 所示。这是一个二部图，左边是 Query，右边是 doc，有点击的话，就会形成一条边。从这个图就可以挖掘好多信息，Query 和 Query 的关系、doc 和 doc 的关系、Query 和 doc 的关系。由于 Query 和 doc 都是由 term 组成，所以还可以进一步探索 term 和 term 之间的关系。关于图的计算，《SimRank: A Measure of Structural-Context Similarity》这篇论文不得不看。好多模块都是从这几类数据入手来处理的。

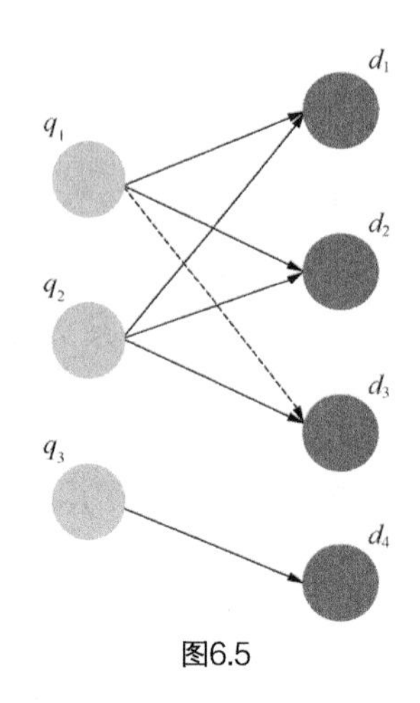

图6.5

6.4 搜索广告

搜索引擎靠什么盈利呢？广告。要想了解广告，要知道几个常用术语。

CPC（Cost Per Click）：每次点击的费用，即按照广告被点击的次数收费。

CPM（Cost Per Mille/Cost Per Thousand Click-Through）：每千次印象（展示）费用，即广告每展示 1000 次的费用。

CPA（Cost Per Action）：每次行动的费用，按照用户对广告所采取的行动（完成一次交易、产生一个注册用户等）收费。

CPS（Cost Per Sales）：以每次实际销售产品数量来收费。

CPL（Cost Per Leads）：根据每次广告产生的引导（通过特定链接，注册成功后）付费。

CPD（Cost Per Day）：按天计费。

CTR（Click Through Rate）：广告的点击率。

CVR（Click Value Rate）：广告的转化率。

RPM（Revenue Per Mille）：广告每千次展示的收入。

广告大致分为品牌广告和效果广告。品牌广告一般是用来树立品牌形象的，目的在于提升长期的离线转化率，它不要求你当时就产生购买动作，但是希望当你需要该产品的时候能想到这个品牌。效果广告又大致分为展示广告和搜索广告。展示广告是指广告系统找到该网民与Context上下文（网页等）满足相应投放设置的广告。搜索广告是指广告系统找到与用户输入的Query（及网民）相关且满足投放设置的广告（一条广告包含拍卖词Bidword、出价、创意等信息，如图6.6所示）。

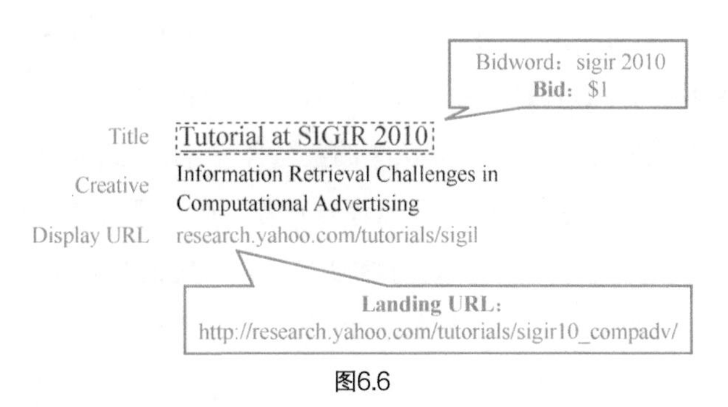

图6.6

广告本质上就是达到广告主（买广告的企业/人）、用户和广告公司的共赢，而广告公司要做的事就是给广告主找到最合适（后面解释什么是最合适）的用户，也可以说是想办法让广告（广告的一系列特征）与用户（用户特征）和展示广告的网页（页面特征）最符合。这样，展示广告和搜索广告就有区别了。展示广告就是展示与页面和用户最符合的广告，如google adsense、百度网盟等；而搜索广告不同，它是展示与用户输入的Query（也会包括用户特征）最符合的广告，如google adwords、百度凤巢等。

首先简单介绍下展示广告。目前展示广告效果最好的就是RTB（Real-Time Bidding，实时竞价）广告。相比传统的广告，RTB最大的优点是卖“人”而不再是卖广告位，也就是说同一个广告位，不同人（兴趣不同）会看到不同的广告，所以更加精准。RTB广告的实现需要不同的参与方合作才能完成：（1）Ad Exchange（广告交易平台），是整个服务的核心，它相当于交易所的功能；（2）DSP（Demand Side Platform，需求方平台），是供广告主使用的平台，广告主可以在这个平台设置受众目标，投放区域和标价等；（3）SSP（Sell Side Platform，供应方平台），是供供应方（站长等）使用的平台，供应方可以在 SSP 上提交他们的广告位；（4）DMP（Date Management Platform，数据管理平台），是面向各个平台的，主要是用于数据管理、数据分析等。

举个例子来说明 RTB 广告的运作流程（如图 6.7 所示）。假设腾讯网有个广告位进入到了某个 SSP 平台，而这个 SSP 平台把这个广告位的每次展示都放到某个 AD Exchange 的交易平台中。现在有两个广告主，一个是卖体育用品的耐克公司，另一个是卖汽车的宝马公司。耐克选择使用了 DSP1 平台，设定的规则是：如果某用户是体育爱好者，那么帮我出价 1 块钱去竞拍这次的广告展示。宝马公司选择了 DSP2 平台，设定的规则是：如果某用户是汽车爱好者，那么帮我出 2 块钱去竞拍这次的广告展示。这时，有一个

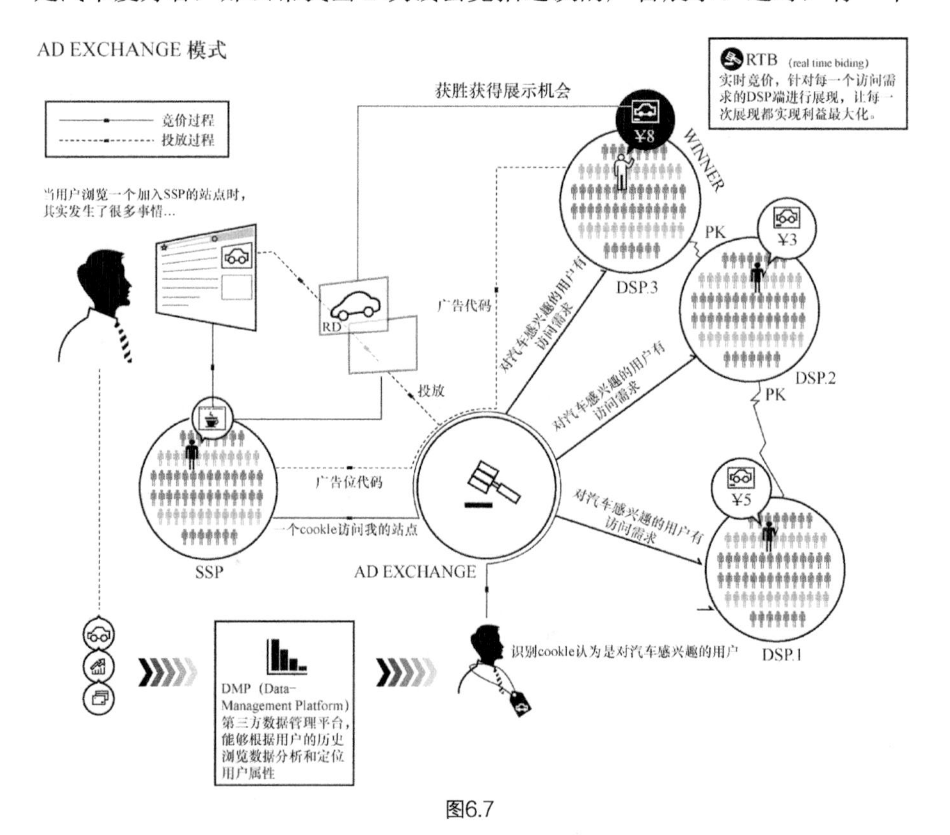

图6.7

用户刚要浏览腾讯网，于是 AD Exchange 告诉 DSP1 和 DSP2，并且把 Ad Exchange 记录的用户唯一标识 cookie 传给 DSP1 和 DSP2，DSP1 和 DSP2 根据这个 cookie，去 DMP 里找这个 cookie 的数据（找到就会有更多这个 cookie 的信息，找不到就使用自己存储的该 cookie 的信息）。假设这个时候 DSP1 通过 cookie 发现这个用户昨天搜索过“篮球”的关键词，DSP1 根据这个行为，把这个用户归为体育爱好者，于是按照广告主耐克公司的要求，DSP1 告诉 AD Exchange 平台：我这边有个耐克公司的客户，愿意为这次的广告展示出价 1 块钱。DSP2 通过 cookie 发现这个用户昨天还浏览过某个汽车网，DSP2 根据这个行为把这个用户归为汽车爱好者，于是按照广告主宝马公司的要求，DSP2 告诉 AD Exchange 平台：我这边有个宝马公司的客户，愿意为这次的广告展示出价 2 块钱。在 AD Exchange 拿到 DSP1 和 DSP2 这两家的出价数据之后，比较发现 DSP2 出价高，于是 AD Exchange 告诉 DSP2 说你竞拍成功，同时告诉 DSP1 说你的价格比较低，竞拍失败。在收到 AD Exchange 返回的数据之后，DSP2 就会把广告主宝马公司的广告创意给到 AD Exchange，AD Exchange 就会在腾讯网上的这个广告位上展示宝马公司的广告。

广告交易平台（Ad Exchange）模式相比传统的广告网络（Ad Network）模式最大优点之一就是，Ad Exchange 更偏重于对用户的精准投放，而 Ad Network 更偏重于对展示广告的页面和广告的匹配。

下面再以搜索广告为例来介绍下整个框架。

一个搜索广告系统还是很复杂的，我把它主要分为 4 大部分：业务系统、检索系统、计费统计系统、反作弊系统。这几个模块并不是单独存在的，都是要相互通信的。

业务系统主要是用来给广告主管理个人信息、管理广告、购买广告等操作，还要对用户的消费产生报表等。计费统计系统用来对用户的点击进行计费，并修改广告主的余额等，还要记录一些其他点击信息等。反作弊系统就是要打击各种作弊行为，保护广告主的利益。检索系统就是要完成广告的整个检索过程。检索系统的整个架构如图 6.8 所示。

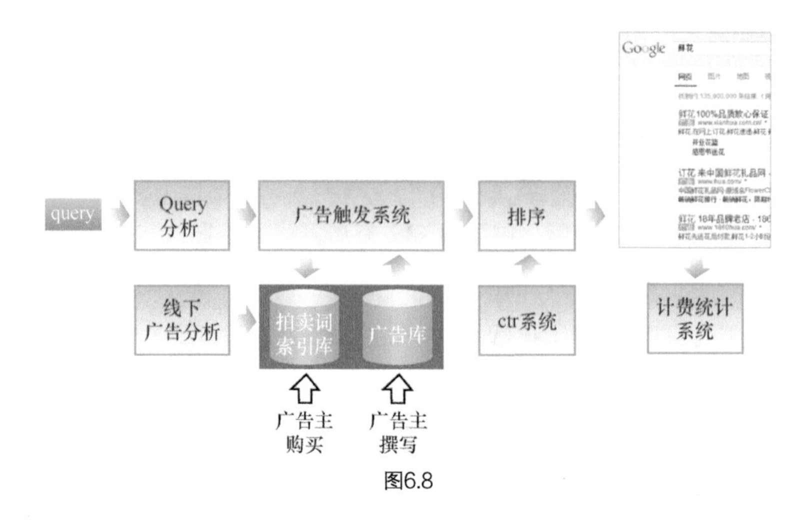

图6.8

其实，搜索广告的检索系统和搜索引擎的系统很相似。

首先，用户输入 Query 之后，先是进行 Query 分析，和前面搜索引擎的 Query 分析差不多，做些分词、Query 变换、意图分析等等；

然后，把 Query 分析结果发送给触发系统。触发系统算是比较核心的一个模块了，它的作用是根据 Query 找出最相关的一些广告，首先它去拍卖词（bidword）索引库中匹配出相关的拍卖词。匹配模式有三种形式：精确匹配、短语匹配、广泛匹配。精确匹配就是当广告商购买的关键词与网民 Query 一模一样时，就可以（注意是可以而非必须）展现该广告。短语匹配的一个原则：保证 Query 的语义是关键词语义的一个子集。广泛匹配在短语匹配的基础上进一步放松限制，在分词、倒序、同义替换、上下位替换的基础上增加了近义替换、相关词等操作。这三种模式都是广告主买拍卖词时可以选择的。当匹配出拍卖词之后，还要计算 Query-bidword 的相关性来做初步筛选，之后再根据拍卖词去广告库中找到相应的广告，而且还要进行一些过滤操作。例如，广告主选择自己的广告必须出现在北京，那么上海的用户搜索就应该过滤掉这个广告。

排序模块就是对召回的所有广告排序，那么广告的排序规则是什么呢？就是Q*Bid，Bid就是拍卖词的出价，Q是广告质量，通常都是使用pCTR来表示（一般会有个参数来调整Q和Bid的权重）。pCTR就是预估的点击率，也就是用户越可能点击且出价高的越要排在前面，这也就是前面说的最合适的广告。那么pCTR怎么计算呢？前面讲的许多模型都可以用来计算，例如LR、FM、FTRL、深度学习等，一般点击率预估会用到三个维度的特征：流量特征（Query信息、主题、地域、覆盖率、页面特征等等）、用户特征（用户画像、cookie、session等）和广告特征（广告的title、创意、登陆页等），每一个维度的特征的量都是很大的，所以一般来说，点击率预估的特征都是百亿甚至千亿级别的，但是由于人工提取的特征量大且稀疏，所以有人就使用GBDT或深度学习来自动提取高维特征然后结合原始特征输入到某些模型中。例如，《Practical lessons from predicting clicks on ads at facebook》《Learning Piece-wise Linear Models from Large Scale Data for Ad Click Prediction》《Ad click prediction: a view from the trenches》这些论文都很经典，值得一读。

最后，就是对排好序的top-N广告展示（质量差、不相关的广告就不会展示）了。当用户点击之后，就会触发计费统计系统，也就是说如果是正常的点击（反作弊系统），那么就要扣掉广告主的钱，扣钱准则就是使用的广义二阶价格（GSP），即price(i)=bid(i+1)*Q(i+1)/Q(i) + 0.01（i+1表示i的下一位广告），有的会考虑用户体验进去。至于为什么要这么计算，就涉及一些博弈学的东西了。

这样，整个广告的检索系统就介绍完了，它和搜索引擎很相似，但也有很多不同，如排序算法，再比如检索、网页量大，而广告的拍卖词库量少，所以广告的检索对Query分析的要求就会更高（也需要线下对广告词扩展，如利用点击过该广告的历史Query来提高召回）。

6.5 问题与思考

1. 为什么要建索引？

2．Query 分析有哪些主要模块？

3．相关性计算为什么要分层？试述每一层大致的计算思路。

4．Learning To Rank 有哪些方法，以及 LambdaMART 模型的优缺点。

5．索引归并如何更快？

6．如何评价搜索引擎效果？

7．搜索点击日志如何应用？

8．如何超越“关键词”层面做语义搜索？

9．搜索广告和其他广告有什么优势？

第 7 章
如何让机器猜得更准

从获得信息的角度来说，搜索引擎是用户主动获取信息的方式，推荐系统则是被动地向用户呈现信息的方式，所以说推荐系统在一定程度上提升了用户获取信息的效率。不同的业务都可以有自己的推荐系统，如 Amazon 给用户推荐书籍、Youtube 给用户推荐视频、Facebook 可以给用户推荐相关的用户。

什么是推荐系统？推荐系统一定是给某个“用户”推荐了某些“物品”(在社交网络中，“物品”也可以是“人”)。所以“用户”和“物品”就是推荐系统中的两个关键，根据对这两个点的不同定位就会产生不同的算法。是所有“用户”相同对待（这样就等于不考虑用户的因素)？还是按不同属性大致划分之后来处理（将用户分类 / 聚类来处理)？或是每个“用户”都不同对待来处理（完全的个性化)？对于“物品”也是有类似这样的区分：不考虑物品的具体内容、对物品分类 / 聚类或完全区分物品。

正因为推荐的物品会有很大区别，所以推荐系统并没有搜索系统那样一个清晰的架构流程，大致来说，推荐系统使用最多的有如下两类方法：

- **基于协同过滤的推荐算法；**
- **基于内容的推荐算法。**

还有些基于知识的推荐，就是根据用户的一些约束条件等来匹配出待推荐的物品。我们重点看下这两类方法。

7.1 基于协同过滤的推荐算法

协同过滤（Collaborative Filtering，CF）是个典型的利用集体智慧的方法。它的思想非常容易理解：如果某个用户和你的兴趣相似，那么他喜欢的物品很可能就是你喜欢的。也可以说协同过滤第一步需要收集用户兴趣，然后根据用户兴趣计算相似用户或者物品，之后就可以进行推荐了。所以就产生了两类协同过滤方法：基于用户的协同过滤（User-based CF）和基于物品的协同过滤（Item-based CF）。

用户和物品的关系可以表示成一个矩阵（表），如表 7.1 所示。每一行代表一个用户对相应的物品的打分（1-5 分，分越高越好）。现在我们要做的就是根据协同过滤计算出小明对 Item5 的打分，如果打分高，那么就可以把 Item5 推荐给小明了。

表 7.1

	Item1	Item2	Item3	Item4	Item5
小明	5	3	4	4	?
User1	3	1	2	3	3
User2	4	3	4	3	5
User3	3	3	1	5	4
User4	1	5	5	2	1

基于用户的协同过滤就是首先根据用户记录（表 7.1），找到和目标用户相似的 N 个用户，然后根据这 N 个用户对目标物品的打分计算出目标用户对目标物品的预测打分，然后决定要不要推荐。首先就是要计算用户之间的相似度，用户间的相似度使用皮尔森相关系数效果好一点（回顾前面的相似度计算）。这样，就可以计算出小明和其他四个用户的相似度了（读者可以带入公式计算一下），最后发现小明与 User1 和 User2 最相似。接下

来就要根据 User1 和 User2 对 Item5 的打分来预测小明对 Item5 的打分，使用如下公式。

$$p(\mathrm{u,i})=\overline{r_u}+\frac{\sum_{v\in N}sim(u,v)\times\left(r_{v,i}-\overline{r_v}\right)}{\sum_{v\in N}sim(u,v)}$$

其中，p(u,i) 表示用户 u 对物品 i 的打分的预测值，*sim*(*u*,*v*) 表示用户 u 和用户 v 的皮尔森相关系数，$r_{v,i}$ 表示用户 v 对物品 i 的打分，$\overline{r_u}$表示用户 u 的平均打分。

这样我们就可以计算出小明对所有其他物品的打分预测值，然后把高的 top-n 推荐给小明就可以了。这就是基于用户的协同过滤算法。

基于物品的协同过滤的思想是利用其他用户来计算物品相似度进而计算预测值。还是以上面的小明为例，我们首先计算出和 Item5 最相似的物品，物品间的相似度使用余弦相似度（更多的是改进的余弦相似度，它考虑了平均值）效果好一点。确定了物品相似度之后，就可以通过计算小明对所有 Item5 相似物品的加权评分综合来计算小明对 Item5 的预测值了。例如，用如下公式（符号意思同之前一样）。

$$p(\mathrm{u,i})=\frac{\sum_{j\in rel(u)}sim(j,i)\times r_{u,j}}{\sum_{j\in rel(u)}sim(j,i)}$$

这两个方法各有什么优缺点吗？User-based CF 需要实时计算用户间的相似度，所以计算量大且频繁，扩展性也不强；而 Item-based CF 是计算物品的相似度可以在线下计算，减少了线上的计算量，所以大型电子商务（例如，amazon）一般使用这种方法。当网站用户量和物品数量很多时，计算量还是很大的，有人为了降低计算量就提出了更简单的 Slope One 预测器，参见论文《Slope One Predictors for Online Rating-Based Collaborative Filtering》。Google 发表的论文《Google News Personalization: Scalable Online Collaborative Filtering》就是将 CF 改造为支持大规模计算的方法。

协同过滤方法还有两个比较大的问题：（1）数据稀疏问题。用户一般只会评价少部分物品，所以矩阵就会非常稀疏，稀疏矩阵对最终的精度有很大影响。(2) 冷启动问题。对于还未做过任何评分的用户或者从未被评分过的物品就没办法直接使用协同过滤方法了。

协同过滤方法还有一种分法叫基于模型的协同过滤算法（有的把 Item-based CF 归入这一类）。例如，使用奇异值分解（SVD）对矩阵处理，这种方法同时也起到了降维的作用，大家可以参考这篇文章《Application of Dimensionality Reduction in Recommender System—A Case Study》；还有就是把预测某个用户对某个物品的评分看成分类问题（如前面的例子就是分成 1-5 等），这样就可以使用前面介绍的分类器来计算出该用户对某个物品的打分是属于哪个类别。另外的一种方法就是关联规则，通过用户记录学习出一组关联规则集合，然后就可以通过这些规则预测用户对物品的打分了。

协同过滤方法都是在矩阵上根据其他用户对某个用户的操作，而且它并不考虑物品的具体内容是什么，而物品的内容也是很有信息量的，这就涉及下面要讨论的基于内容的推荐算法。

7.2 基于内容的推荐算法

该算法相当于淡化了“用户”，更多地从用户感兴趣的内容（物品特征属性的描述）的相似度来决定是否推荐，自然需要求内容的相似度了（当然，也可以简化为同一类别、主题或者标签），从文本的角度来说，大多数都可以转化为前面讲的那些相似度方法。这个就不重复介绍了，参考前面的相似度计算章节。

从大的方面来说，基于内容的推荐算法大致有这么几种方法。

1. 分类/聚类方法

我们拿推荐文档为例来说，每篇文档都可以计算出它的一些属性：类别（分类）、主题（聚类）或者泛化的说也可以有一些标签。用户也会有一些相应的属性，然后根据用户属性和文档属性的关联（可以是同一套标签体系），就可以给用户推荐相应属性的文档了。

2. 搜索方法

个人觉得搜索方法才是最能体现内容的一类方法，它就是通过搜索用户感兴趣的物品找出与之最相似的物品，然后推荐给用户。它和搜索引擎有什么区别？最大的区别就是搜索引擎提交的是 Query，而在这儿提交的是用户兴趣，根据不同的场景（视频推荐、新闻推荐、APP 推荐等）会有不同的搜索条件和排序策略（前面搜索引擎中讲的排序模型都可以引用过来）。这时，我们可以想一想搜索引擎是不是也可以看作一个推荐系统，它是根据 Query 来推荐网页（所以很多技术从宏观的角度看都是相通的）。一个区别是搜索引擎的结果一定要精确（因为用户明确要的就是与 Query 最相关的内容），而推荐系统结果却比较发散，因为是根据用户兴趣触发，用户的兴趣本来就是系统根据用户行为猜的，不会很准，所以只要不是太差都可以接受。大家有兴趣可以参考一下 Google 发表的一篇文章《Up Next: Retrieval Methods for Large Scale Related Video Suggestion》，该文就是介绍类似的方法。

7.3 混合推荐算法

以上介绍了两种主要的推荐算法：基于协同过滤和基于内容的推荐算法，然而真正的系统一般都是融合了多种方法，这样可以抵消各自的缺点。现有系统大多都是融合多种方法然后使用机器学习来推荐，总体来说，推荐系统和搜索系统大体思路都是一样的，就是先从大的集合中初步筛选出可能需要推荐的子集合，然后对这个集合进行排序，最后再根据一些策略把最终结果推荐给用户。本书主要讲文本相关的算法，那就以文档推荐为例来说明。抛开数据存储、数据传输和日志存储等工程任务后，推荐系统的框架如图 7.1 所示。

一个用户来了之后，首先从数据层中取到他的用户画像，然后从大量已经处理过的文档集合中通过不同维度的召回策略召回一些候选文档集合并粗略给一个排序，之后用机器学习模型（pCTR）对候选文档集合进行排序，最后是一些策略筛选和调整，把最终的推荐结果发给用户。当用户看到结果后，会有一些反馈（最常见的就是点击与否、评论与否、阅读时长等等），然后这些反馈又会进一步作用到用户画像和排序模型中，使得结果更好。可以看到，一个推荐系统有这么几个重点工作。

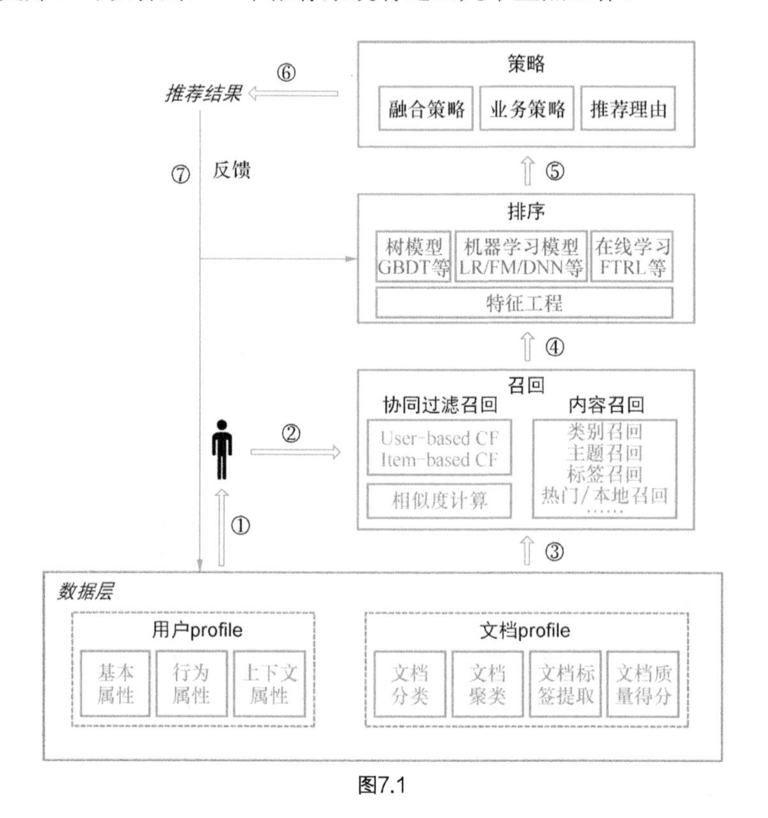

图7.1

（1）用户画像构建。如何构建用户画像取决于平台有什么数据，一般来说，都会包括基本属性：性别、年龄、职业等等；行为属性：阅读、点击、收藏、搜索 Query 和更多的社交行为等等；上下文属性：时间、地理位置、之前的一系列行为等等。那么有了这些数据，就要给每个用户建立一张兴趣表，从目前技术来说，就是给用户打上若干个标签及相应的得分，表示这个用户对这种标签的兴趣度，这些标签就可以用来召回候选文档（因为文档也打上了同一套体系的标签）和排序。深度学习可以把用户表示成向量，但是向量不可读，更多的用来排序。

（2）排序模型。对召回的候选文档集合进行排序，整体来说包括排序和策略两大部分。排序和前面介绍的搜索引擎的LTR很相似（一般推荐系统用Pointwise方法就够了），包括抽取特征（用户特征、文档特征、行为特征，换个角度可以说有传统特征、树特征和向量特征方面）、训练模型（语料来自点击数据）和评估等。前面介绍了好多相关知识，在这儿就不重述了，读者可以看下Google发表的两篇论文：《Deep Neural Networks for YouTube Recommendations》和《Wide & Deep Learning for Recommender Systems》。这两篇论文讲的都是把深度学习应用到推荐系统的方法；策略方面更多的根据产品定位和目标来调整，包括时新性、地域性、多样性（参见《Adaptive, Personalized Diversity for Visual Discovery》《Novelty and Diversity Metrics for Recommender Systems: Choice, Discovery and Relevance》）等等。

（3）"物品"属性计算。即对要推荐的对象计算各种属性。对于文档来说，就是文本分类、文本聚类、标签提取和质量得分等等。分类和聚类前面也都讲过了，分别用判别模型和Topic Model来处理。唯一需要注意的是结合一些业务特性来优化。标签提取会稍微不同，首先要关键词提取，而在关键词提取过程中要进行实体识别，因为不少实体词会被分词分来，而它们要整体作为一个关键词。然后就是对关键词排序，排序的原则就是最能代表该文档语义的词要排的更高，这和搜索引擎计算term权重有很多相似的地方。首先计算词的文本特征，包括tf、idf、词性、句法信息、语义特征，包括主题、词关系、相似度、上下文信息等，然后根据这些特征根据某种打分策略对关键词排序，排到前面的就是标签（一般会限定为实体词）。还有一种方法就是参考PageRank思想，以词为节点，计算词之间的关联度作为节点，然后迭代得到标签。目前随着深度学习理论的发展，有些人在用Seq2Seq模型生成标签，例如论文《Deep Keyphrase Generation》所采用的方法。质量得分就是给文档一个质量分，可以认为是一个回归任务，和搜索的文档质量计算也很类似，都是从文本特征和行为特征等角度考虑。但是针对推荐系统，怎么定义高质量文档就需要斟酌了，如一个金融人员看待技术文章就不怎么高质量了，所以可以从分类的角度减缓这个任务，如定义某些类别（标题党、广告推广等）就是低质量的，可以直接干掉，然后再根据用户反馈等来对普通文档打分。

正因为被推荐的“物品”不同（商品、文档、人、视频等），导致它的属性计算会不同；而且不同的平台用户画像构建的维度也会不同，也就是说不同任务的推荐系统会有较大的不同。例如我手机上已经装了一款天气预报的 APP，那么再给我推荐另一款天气预报的 APP，我下载的愿望就非常低。但是对于电影推荐这种问题就小一点，我正在看《谍影重重》，你给我推荐《谍影重重 2》和《谍影重重 3》，我觉得还是不错的。因此，推荐系统更多的是和场景相关，很难把一个场景的推荐算法完全照搬到另一个场景上使用，但是整体框架和底层的一些技术是相通的。

任何一个推荐系统，都会面临一些困难：多样性和精准性的平衡（开发和探索问题）、时效性、质量保证、稀疏性和冷启动等。每个问题自然会有一些应对方案，如冷启动问题可以尝试从试探新兴趣的思路来解决，通过用户的某些点击反馈、阅读时长等来进一步分析出兴趣来完善推荐效果，可以参考下这几篇论文《Personalized News Recommendation Based on Click Behavior》《Personalized Recommendation on Dynamic Content Using Predictive Bilinear Models》 和《A Contextual-Bandit Approach to Personalized News Article Recommendation》。

推荐系统评价。至于推荐系统如何评价，只要是排序问题，那么前面机器学习和搜索引擎里讲的那些指标都可以用来评价。针对推荐系统，还也可以有一些指标：CTR、平均点击次数、多样性（可以定义为推荐结果列表的不相似性）、新颖性（可以定义为推荐结果列表的平均热门程度）等等。论文《Recommender System Performance Evaluation and Prediction:An Information Retrieval Perspective》《Evaluating the Accuracy and Utility of

Recommender Systems》以及 Guy Shani 的《Evaluating Recommendation Systems》都可以看看。

站在用户体验角度来说，推荐系统的目的是提高用户获取信息的效率，而站在商业的角度来说，它的目的就是能产生某种行为（点击、购买等），所以推荐系统的本质其实就是预测能力，因此，一个好的推荐系统就是能最大化达到目的的预测器。但是站在人工智能的角度来看，现在的推荐系统都是伪个性化的，例如用户画像构建都是给用户打各种标签来表示用户的兴趣（算是一种折衷的兴趣“表示”方案），具有同一个标签的人难道就有相同的兴趣吗？人的兴趣大多时候用自然语言都难以表示，尤其是短期兴趣，更不用说几个标签了（不准确性），再加上现在各家公司的产品都是孤立的，也就是说每一个产品获得的都是用户的部分信息，导致了捕捉用户兴趣的稀疏性（不完整性）。不知道大家有没有看过《鹰眼》这部电影，电影里的那个系统才是真正的个性化系统，它可以监控一个人到秒级别，而个性化发展的越远，也意味着用户越来越没有隐私（个性化和隐私一定是个矛盾体），所以，现阶段的推荐系统其实个人认为更像一个无需用户选择的关键词订阅器。

7.4 问题与思考

1. 推荐系统有哪些方法？
2. 试述 SVD 的物理意义。
3. 如何解决冷启动问题？
4. 如何平衡多样性和准确性？
5. 如何提取文档 Tag ？
6. 推荐系统的特征和搜索引擎的特征有何不同？

第 8 章
理解语言有多难

8.1　自然语言处理

前面的各章（包括机器学习）都是围绕文本处理讲解的，现在我们就系统地讨论文本处理核心技术：自然语言处理（Natural Language Processing, NLP）。自然语言处理的目的就是让计算机能处理语言，说简单点，就是让计算机听懂人话。自然语言处理至今已经有几十年历史了。头 20 年，也就是 20 世纪 50 年代至 20 世纪 70 年代初，大家更关心的是人类学习语言的认知研究上。计算机想处理语言，必须先分析语句和获得语义，这就需要分析词的词性、句子的句法规则等。最著名的成果就是乔姆斯基用有限状态自动机来刻画语言的语法，建立了自然语言的有限状态模型。这时候人们大多使用的是基于规则推理的**符号主义方法**，当然这个时候人工智能也开始兴起。从 20 世纪 80 年代开始，大家逐步开始关注基于统计的**联结主义方法**，而且人们一直在争论符号主义和联结主义孰优孰劣，一直到 20 世纪 90 年代 IBM 的基于统计机器学习的语音识别系统和翻译系统的突破以及机器学习算法的研究，让人们看到了基于统计的联结主义方法的优势，并逐步开始了联结主义方法的研究。但是基于符号主义和联结主义的两种方法各有千秋，谁也没法完全取代另一方，充分利用和融合两者的优势也许是更好的选择。前些年，Google 搜索引擎的巨大成功把自然语言处理又推到了一个高潮，包括随着深度学习的发展，自然语言的研究再次成为一个热点。从图 8.1 可以一目了然地了解计算机科技近 70 年的主要发展。很多技术的发展都是互相促进的，比如机器学习的发展就会影响到自然语言处理的发展。

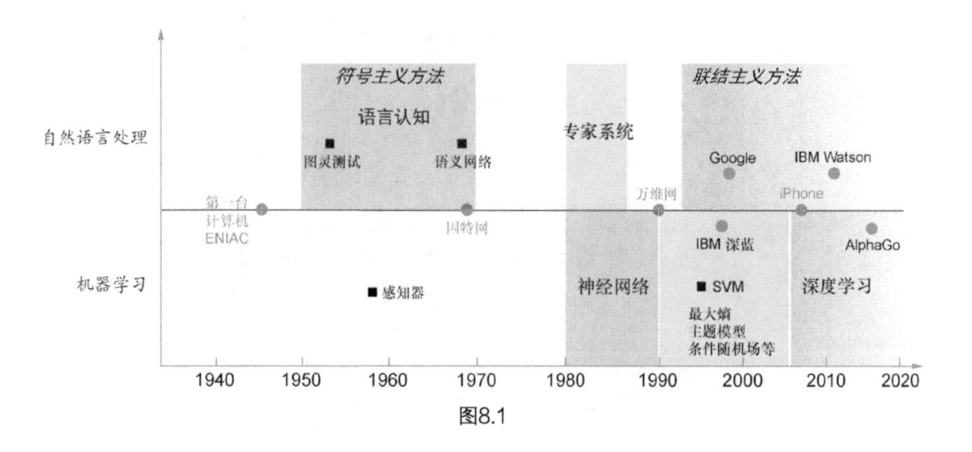

图8.1

理想的 NLP 处理流程如图 8.2 所示。这是一个层次结构，最底层是词法分析，包括分词、词性标注、专名识别等，是对词的分析；然后是句法分析，得到一个句法树，相当于获得了更多的词或短语之间的关系；之后是语义分析，会得到整个句子的逻辑关系；最后就是应用，比如知识抽取、问答系统等各种任务。然而实际中并不一定是这样，比如句法分析在很多项目中都没有利用起来，语义分析层面也是根据任务会有不同的形式，例如有的时候抽取中心词就可以满足应用了。

换个形式我把 NLP 大致技术细分为如图 8.3 所示（不同的人会有不同的分类体系）。最底层是资源，自然语言处理模块少不了资源，而且资源

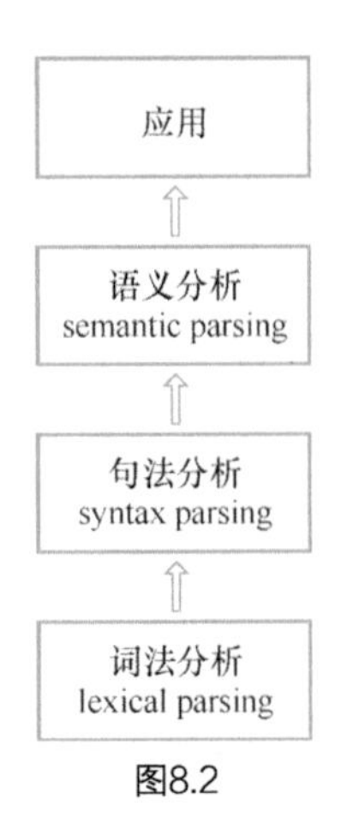

图8.2

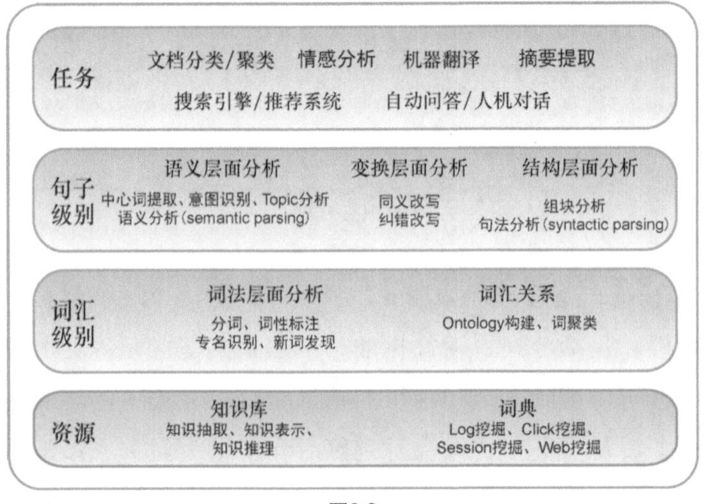

图8.3

是非常重要的一部分，当然了，知识库的建立也会用到很多上层的 NLP 技术。然后是词汇级别的技术，词法层面分析是对词的处理，分词、词性标注、识别专有名词等。词与词之间会有一定的关系，这就是 Ontology（严格来说，它也属于知识库），它包括很多关系：上下位（苹果 - 公司）、同位（苹果 - 谷歌）等等，这些关系可以用于推理、泛化等。之后是句子级别的技术，即语义层面分析。得到一个句子的语义信息其实是很难的，目前的技术也比较初级，我主要归纳为中心词提取（有些任务中心词提取出来了，意思大致也就明白了）、topic 分析、意图识别和语义分析。变换层面分析更多的用在搜索上，主要是纠正句子。结构层面分析用的最多的是句法分析和组块分析，当然还有一些技术，如语义角色标注等，用的较少。最后就是各种应用任务了，其中搜索引擎（前面介绍过）、自动问答、人机对话是非常复杂的，几乎用到了所有 NLP 技术。文档分类和情感分析是不同程度的分类问题，机器翻译和摘要提取现在也在逐步尝试深度学习的方法（前面深度学习章节有讲解过）。下面介绍几个核心技术。

专名识别就是识别句子中的专有名词，比如人名、地名、机构名、时间词、数字词、影视名等等。其实专名识别是一个序列标注问题，说简单点，就是找词的边界。如下示例中，P_B 表示人名的开始词，P_M 表示人名的中间词，P_E 表示人名的结尾词，其他标记也是一样。这样的话，就可以使用机器学习训练每个词的标记，还记得前面讲的 CRF 吗？它就是做序列标记很好的模型，我们在深度学习章节（图 3.19）中介绍过一种做序列标注的方法，现在还有些结合深度学习和 CRF 的模型，如论文《Neural Architectures for Named Entity Recognition》，如图 8.4 所示，就是结合 BiLSTM-CRF 的专名识别模型。对于人名、地名、机构名这些结构边界比较清楚的情况，使用序列标注模型效果是非常好的。例如人名、地名的 F1 值都很高了，其他的类别比如音乐名、小说名等是十分不好识别的，因为它们没有什么规律可言，也就是说边界比较泛，所以就会比较困难。所以要想提高准确率，必须依靠模型、词表和一些业务规则来识别了，当然了有些专有名词靠正则就可以搞定了，比如时间词等。说白了，专名识别和分词都是找词的边界，都是序列标注任务，当然了，词性标注也是序列标注任务。

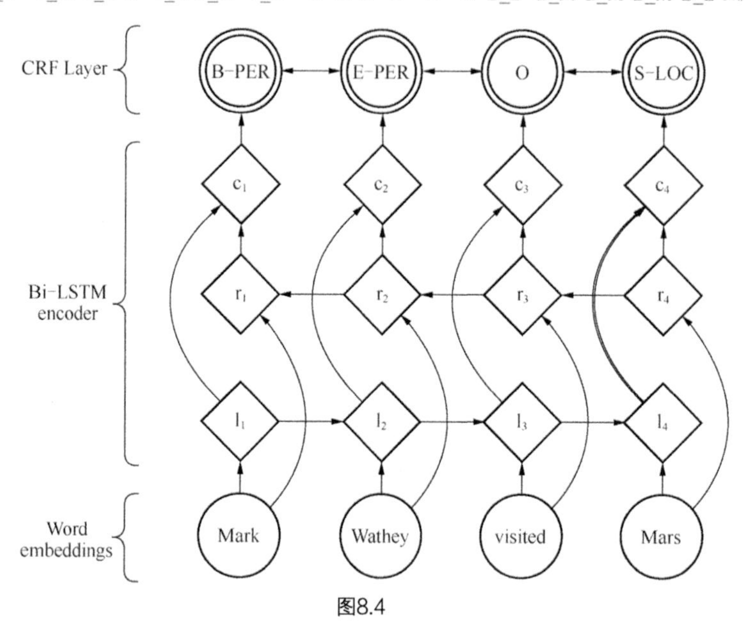

图8.4

句法分析是 NLP 的关键技术之一，它的任务就是根据文法规则得到一个句子的句法结构。句法结构一般是表示成树状形式，如图 8.5 所示。确定句子中各成分之间的关系是一项非常困难的事情，导致其准确率并不高，所以为了降低复杂度，大多是进行浅层句法分析，识别句子中相对简单的独立成分。

利用依存语法是进行句法分析的方法之一，也是目前研究最多的一种方法，依存语法是用词与词之间的依存关系描述语言的句法结构，也就是词与词之间是支配和被支配的关系，而且这种关系是有方向的，它主张句子中核心动词是支配其他成分的中心成分，而它本身却不受其他任何成分的支配，所有受支配成分都以某种依存关系从属于支配者。如图 8.6 所示，“吃”就是核心动词，“小明”和“吃”是主谓关系，“吃”和“苹果”是动宾关系，“红”和“苹果”是定中关系。所以依存句法分析的目标就是得到句子中各个词之间的依存关系。

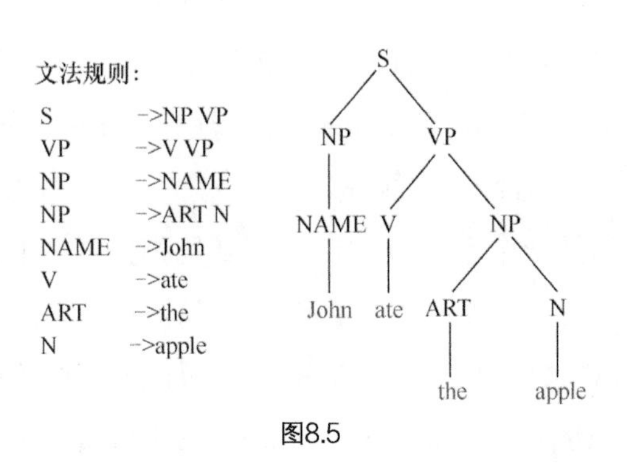

图8.5

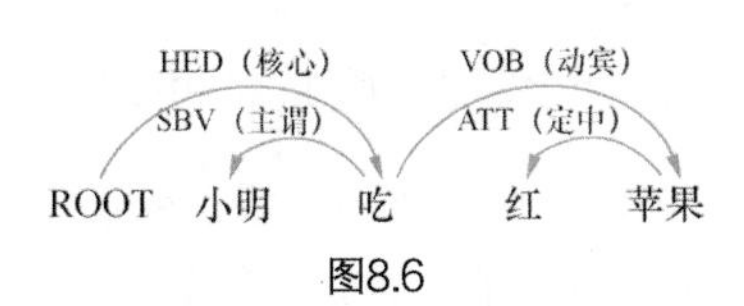

图8.6

依存句法分析有两大类方法。一种是基于图的方法（Graph-based），它把问题看成有向图中最大生成树的求解问题，它的优点是训练时使用的全局方法，可以搜索所有子树，缺点是不能利用太多历史信息（特征是局部性的）。一种是基于决策的方法（Transition-based），它将依存树的构建分解为一序列动作，由分类器根据当前状态来决定下一个分析动作，它的优点是速度快，可以较多地利用历史信息（特征是全局性的），缺点在于使用的是局部贪心算法。基于决策的方法主要有 arc-standard 算法和 arc-eager 算法。

我们主要看看 arc-standard 算法是怎么回事。它定义了一个 configuration c=<s, b, A>，s 是一个栈（stack），b 是待分析词的序列（buffer），A 是

当前已有的依存关系。初始的时候 s 只有一个 ROOT，b 包含句子中的所有词，A 是空的，经过一系列的操作，直到 s 只有 ROOT，b 为空时停止，这时候得到的 A 就是依存关系。那么每一步的操作包括 3 个动作。

LEFT-ARC(i)：给 s1->s2 增加一个依存关系 i，s2 从 stack 中移除。

RIGHT-ARC(i)：给 s2->s1 增加一个依存关系 i，s1 从 stack 中移除。

SHIFT：将 b1 从 buffer 移到 stack 中；注意，s*i* 是 stack 中第 *i* 个元素，b*i* 是 buffer 中第 *i* 个元素，注意顺序。

如图 8.7 所示是一个示例过程，从头到尾扫描一遍 buffer 序列，每一步都会对应上面三个动作之一，最终就会得到依存关系。如果有 *N* 个依存关系的话，那么总共的动作就是 2*N*+1 个（每个关系有 LEFT 和 RIGHT 两种，就是 2*N*，还有一个 SHIFT），这其实就抽象成了分类问题（SVM，最大熵，深度学习等），每一步根据当前的状态提取特征，然后分类器决定当前的动作。那么可以提取哪些特征呢？主要是这 3 个部分：词、词性、依存关系。如示例中第五步（左箭头的地方）的特征就可以是(lci(s1) 表示 s1 最左边孩子的第 i 个元素，rci(s1) 表示 s1 最右边孩子的第 i 个元素)：

pos(s1)= 形容词	word(s1)= 红	dep(lc1(s2))=SBV
pos(s2)= 动词	word(s2)= 吃	dep(rc1(s2))=NULL
pos(b1)= 名词	word(b1)= 苹果	dep(lc1(s1))=NULL
pos(b2)=NULL	word(b2)=NULL	dep(rc1(s1))=NULL

当然要想提高分类的准确率，就要提取更多更丰富的特征，而且这些特征的组织也是比较繁琐，不方便扩展的。

近年来提出了一种基于深度学习的依存句法分析方法，例如论文《A Fast and Accurate Dependency Parser using Neural Networks》，它的最大优点是可以方便地在 input 层扩展特征，然后由神经网络学习这些特征的内在信息，准确率也会提高。

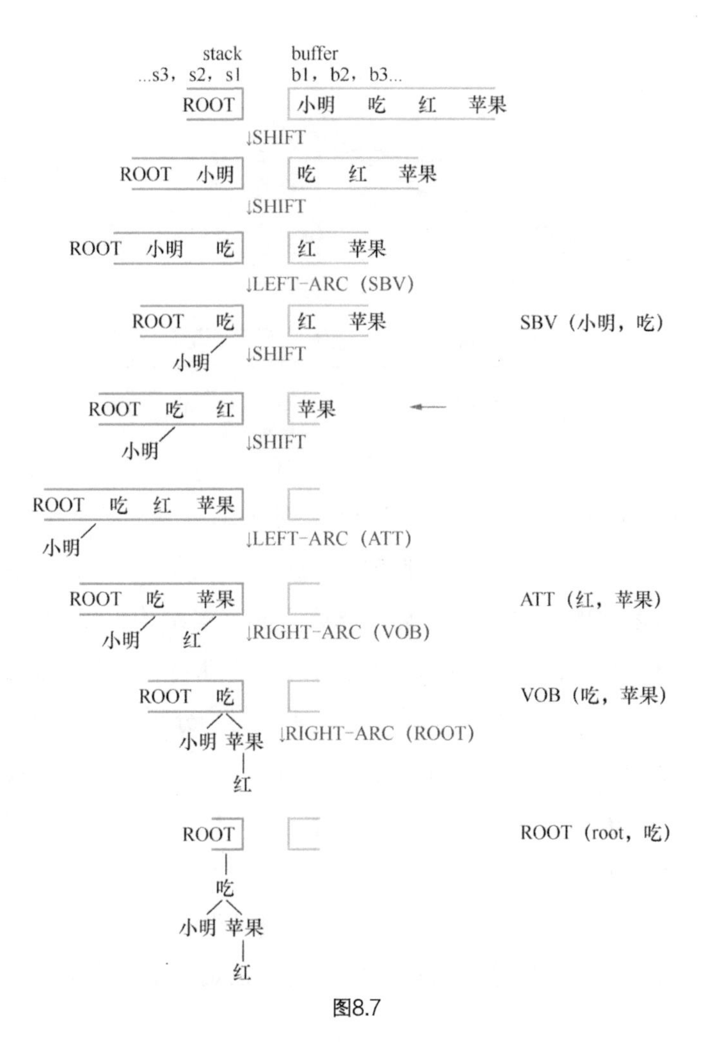

图8.7

我们看看这个模型是怎么工作的，如图 8.8 所示。在输入层 x^w, x^t, x^l 分别是词、词性、依存关系被 Embedding 之后的向量。拿词来举例，例如，选择 s1，s2，b1，b2 四个元素作为词的特征，x^w 就是这四个词向量拼接而成，同样，词性和依存关系也都可以是所选取的元素的向量拼接。作者在论文中词和词性都选取了 18 个元素，依存关系选取了 12 个元素。当 input 层表示成向量以后，剩下从隐藏层到输出层就是使用神经网络，这个就容易了，只是中间需要一些 trick 来使得模型效果更好，如隐藏层的激励函数用的就是立方函数。

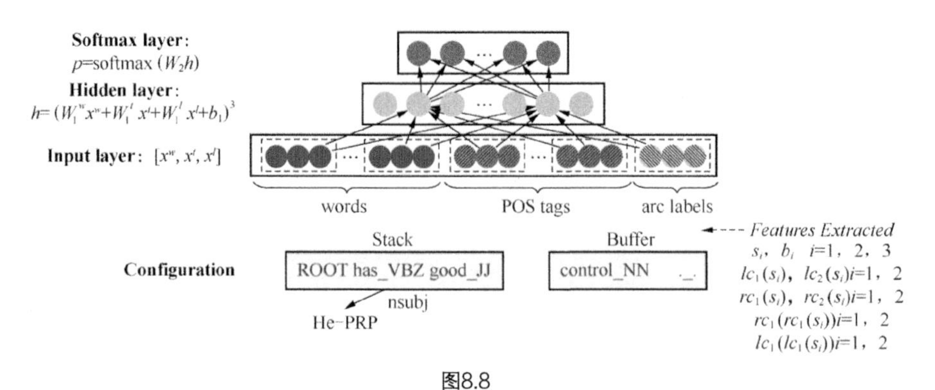

图8.8

句法分析在标准测试集上已经有很不错的准确率了，尤其是英文上，但是中文准确率就要低一些，那是因为中文句法结构更复杂，这是由于五四新文化运动的时候，一些文人把英文的有些结构强行加到中文上，“的地得”也是那个时候冒出来的，因为“的地得”跟语法结构有关，这是题外话了。在我们的实际项目中，使用句法分析的时候效果并不是很理想，因为真实场景和标准集数据分布有差异，而且要在真实场景下标注句法分析的训练语料是有门槛的，不像普通分类任务那样（任何人都可以标注分类语料），而是需要一定的语言知识才可以，这也导致了句法分析的应用不是太广。但是语言理解是很难的，能用到的信息都要尽可能利用起来，句法分析如何使用起来也是一个逐步被认真思考的问题。

语义分析（semantic parsing）可以认为是一个终极目标，自然也是一个很难的问题，目前能搞定的也很有限，它涉及一个自然语言量化的问题，这个我后面会说。它和句法分析（syntactic parsing）是不同的，句法分析是得到一个句子的句法树，而目前语义分析是将句子解析成一个逻辑表达式，如句子“小于 10 的最大质数是多少”就要表示成类似“max(primes ∩ (−∞ , 10))”这样的逻辑表达式，或者句子“小明的身高是多少”要表示成“Person.Height（小明）”。语义分析的初衷是如果把句子表示成了逻辑表达式（太多句子其实是没法表示成逻辑表达式的），那么计算机就可以解析了。但是尽管这样，表示成的逻辑表达式对计算机也挺困难的，因为不同的任务有不同的表达式，所以也只能在特定的场景中使用。语义解析的方法一般也是基于模板的方法和基于机器学习模型的方法。基于模板的方法其实很好理解，就是挖掘一些句式模板，例如，*{[PERSON] 的身高 }* 就是匹配句子 *{ 小明的身高是多少 }* 的一个模板，然后就可以得到表达式“Person.Height（小明）”，如图 8.9 所示。基于模型的方法大家可以参考论文《semantic parsing via paraphrasing》《Semantic Parsing on Freebase from Question-Answer Pairs》《Large-scale Semantic Parsindg via Schema Matching and Lexicon Extension》《Semantic Parsing via Staged Query Graph Generation: Question Answering with Knowledge Base》《SLING: A framework for frame semantic parsing》。这些论文的思路都比较好。

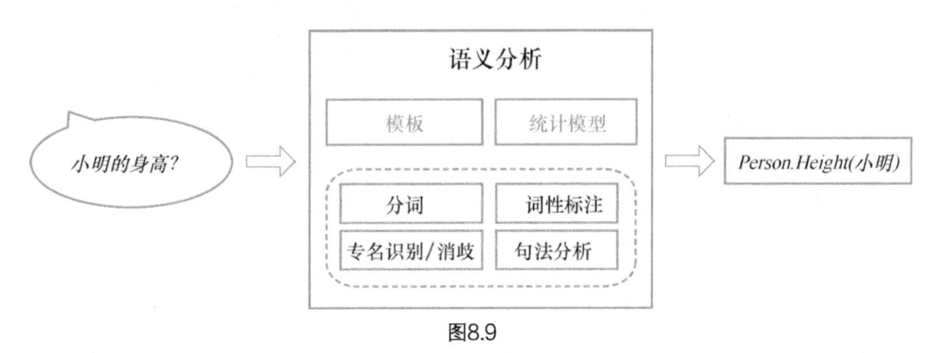

图8.9

知识库的建设是很重要的，也是很难的，因为人类的知识一直在增加，而且很难抽象成计算机能理解和表示的形式。知识一般分两种，一种是无结构化知识，如“天空为什么是蓝的？——因为太阳光通过空气时，太阳光中波长较长的红光、橙光、黄光都等穿透大气层，直接射到地面，而波长较短的蓝、紫、靛等色光，很容易被悬浮在空气中的微粒阻挡，从而使光线散向四方，使天空呈现出蔚蓝色”。无结构化知识很难表示也很难处理。另一种是结构化知识，是以实体为核心，表示成 SPO（Subject-Predicate-Object）三元组形式的，如 [张三，*妻子*，李四]，结构化的知识被冠了一个名字：知识图谱。结构化知识是较好表示的，也是目前能处理的，但是来源也很有限，如百科（半结构化）、垂直网站（结构化）等。所以需要从海量的网页（无结构化）中抽取出更多结构化知识，就需要很多的技术：基础的 NLP、指代消解（也叫共指消解）、实体消解（也叫实体消歧）、实体 / 属性抽取、关系抽取等等。当然，还有细节任务，如实体归一、属性归一等，大致用到的思想主要是两种：基于模板的挖掘方法和基于统计模型的方法，如图 8.10 所示。

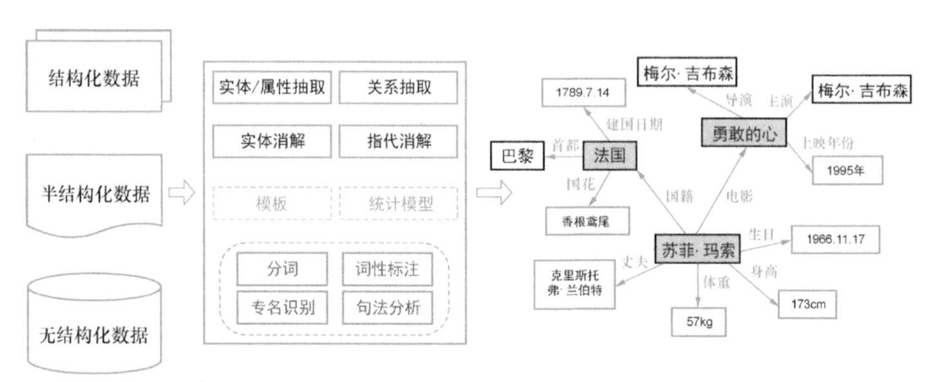

图8.10

基于模板的方法很好理解，也容易处理，就是事先准备一些高质量关系对（例如，苹果 is a 水果）组成一个种子关系集合，根据这些关系再挖掘出一些高质量关系模板（例如，苹果是一种水果），然后用这些模板在海量语料中匹配找出更多的关系对，有了关系对就可以再扩充关系模板，一直持续迭代，就可以得到最后的关系知识库，如图 8.11 所示。

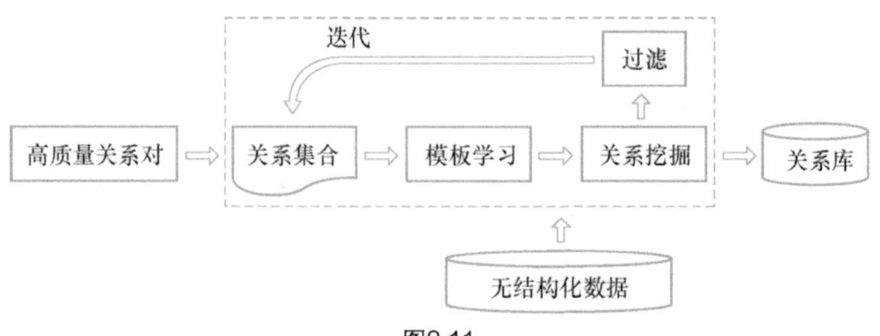

图8.11

基于模型的方法现在不少人尝试使用深度学习在抽取知识，如论文《End-to-End Relation Extraction using LSTMs on Sequences and Tree Structures》就是直接用一个端到端模型抽取出三元组，如图 8.12 所示，还有《Language to Logical Form with Neural Attention》《Connecting Language and Knowledge Bases with Embedding Models for Relation Extraction》 等。一些论文尝试将模板信息应用到模型中来完成抽取任务，如《Representing Text for Joint Embedding of Text and Knowledge Bases》《Multilingual Relation Extraction using Compositional Universal Schema》。

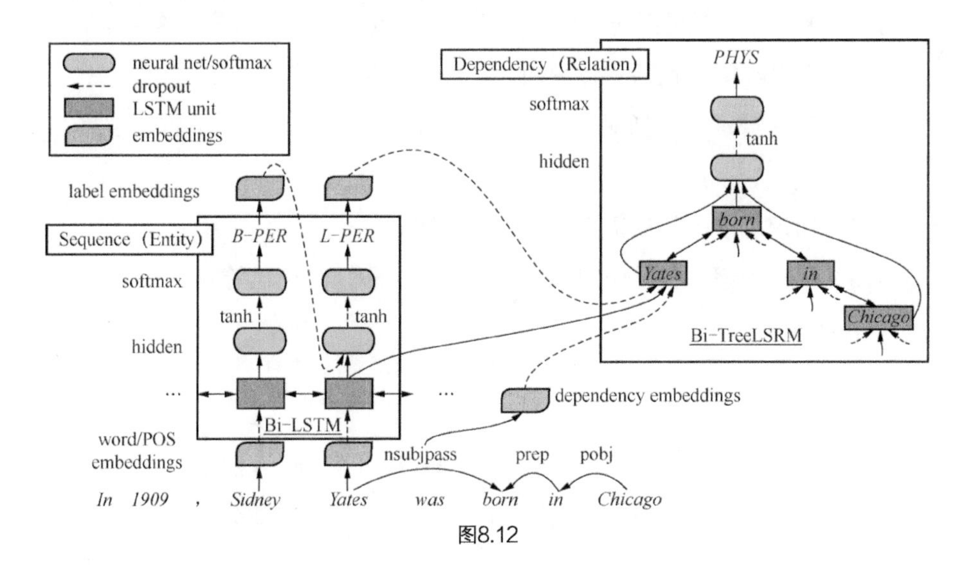

图8.12

站在另一种角度来说，如果 S 和 P 能事先挖掘出来，那么其实就是根据 S 和 P 来找出相应的 O，这样就可以抽象成一个分类或者排序问题了，也就是说根据 S 和 P 找出一些候选文档片段，然后在这些片段中找出最可能的 O。

至于指代消解以及实体消解（Word Sense Disambiguation），都可以看成一种分类任务，也就是说基于上下文或者知识的分类任务，那么前面介绍的机器学习知识都可以应用。

8.2 对话系统

8.2.1 概述

对话系统近一两年来变得异常火爆，在这儿我也把对话系统简单总结下。大家都觉得对话是最自然的交互方式，是未来的趋势等等，然而受限于技术不成熟，更多的还是自然语言理解的不成熟，到目前来说还没有一个真正意义上能解决用户某一方面问题而且体验很好的对话产品出现。亚马逊的 echo 算是比较成功的一个产品了，但更多的也是一些指令型的控制。不管怎样，要想做好对话系统，如下这几个技术点少不了，如图 8.13 所示。

（1）**语义理解**。包括实体识别、句法分析和意图识别等。

（2）**对话管理**。包括对话状态追踪、上下文建模、指代消解和省略补全等。

（3）**知识表示**。包括语义分析和知识建设。

（4）**用户管理**。包括用户画像、长时记忆和短时记忆等。

图8.13

从完成的任务来说，对话系统主要有这 3 个方面：问答型、任务型和闲聊型。

1. 问答型

问答型更多的就是之前提到的问答系统，可以视为单轮的对话系统。问答系统研究有很长时间了（该有的“坑”还是“坑”，因为如上所说语言的理解和表示有待突破），它解决的更多的是知识型的问题（知识怎么定义呢？）。目前研究最多的是答案是一个实体的客观性知识的任务（这算是一种定义），比如“中国的首都是哪儿？——北京”，对于答案是一句话或者一段话，或者是主观性的，甚至是个性化的问题，那就更是困难了。所以问答系统比较困难也比较复杂，涉及的技术点也很多，因此，要想做一个还可用的问答系统，就要针对某个具体场景去解决相应的问答需求，要做通用的自动问答系统，还是很困难的。问答系统的另一个应用就是客服系统，即使用机器来辅助人回答高频经常被问到的问题，提高客服人员的效率。问答系统目前主要有如下几类方法。

（1）基于语义分析的方法

该方法的思路就是来一个 Query 之后首先语义分析出逻辑表达式，然后根据这个逻辑表达式去知识库中推理查询出答案。知识图谱的存储方案有两种：一种是基于图的 RDF 方案；一种是基于索引的方案。这个方法的重点就在于语义分析，如图 8.14 所示。

图8.14

（2）基于信息抽取的方法

这种方法的思想就是来一个问题之后，首先是问题的各种分析，包括抽取关键词、关系词、焦点词以及问题的各种分类信息，然后从海量文档中检索出可能包含答案的文档段落，再在证据库中找到相关的证据支撑，最后根据许多模型对结果排序找到最终的答案。

IBM 的 Watson 是做的比较有影响力的一个系统，在其官网发表了一系列相关论文[①]，它就是使用这种方法，如图 8.15 所示。论文《Information Extraction over Structured Data: Question Answering with Freebase》也是使用类

① http://researcher.watson.ibm.com/researcher/view_group_pubs.php?grp=2099

似的方法，其最大的不同在于从结构化知识图谱中找到候选子图是先确定实体，然后该实体周围一定范围内的子图即可作为候选子图。从无结构化数据中检索出潜在包含答案的段落使用的是基于搜索的方法，例如论文《Reading Wikipedia to Answer Open-Domain Questions》中的 Document Retriever 模块即是获取候选段落，Document Reader 模块即是获取答案的模型。

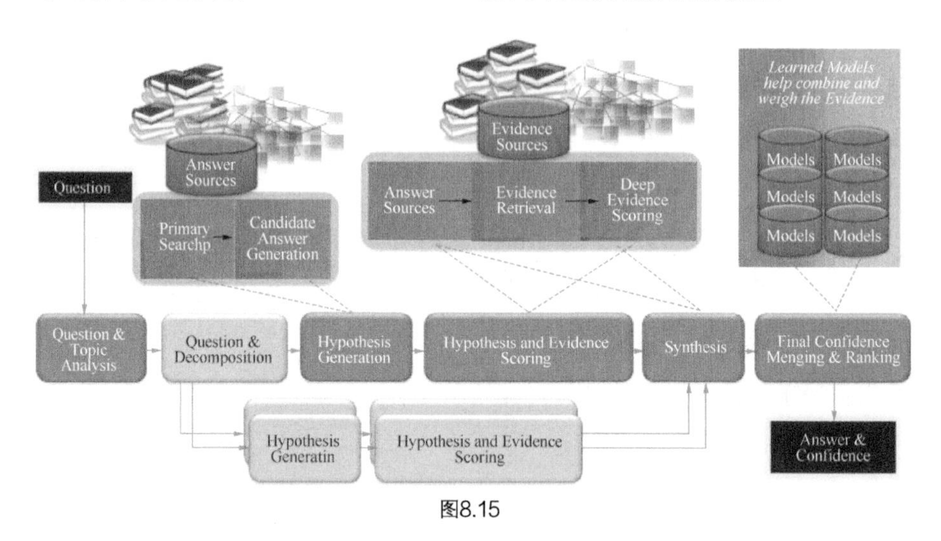

图8.15

（3）端对端的方法

这种方法是基于深度学习的模型，它首先将问题表征成一个向量（这个过程缺省略了问题分析步骤），然后将答案也表征成向量，最后计算这两个向量的关联度，值越高那么就越可能是答案。它的核心就是在表征答案的时候如何把候选知识（无结构化段落或者结构化子图）表征进来，在前面的深度学习应用章节（阅读理解模型和排序模型）已经介绍过好多了，在这儿就不重述了。

然而一个真正的问答系统一般都是根据要解决的问题融合多种方法来处理。

2. 任务型

任务型对话系统更多的是完成一些任务，比如订机票、订餐等等。这类任务有个较明显的特点，就是需要用户提供一些明显的信息（slot，槽位），如订机票就需要和用户交互得到出发地、目的地和出发时间等槽位，然后有可能还要和用户确认等等，最后帮用户完成一件事情。

系统会根据当前状态（state）和相应的动作（action）来决定下一步的状态和反馈，即求状态转移概率$P(\mathrm{r},\mathrm{s}'|\mathrm{s},\mathrm{a})$，这其实就是马尔科夫决策过程的思想（MDP）。针对对话系统，它的流程如图8.16所示。首先是得到用户的Query（如果是语音，需要语音识别转化成文字）。然后是自然语言理解模块（Natural Language Understanding，有语音的也叫Spoken Language Understanding，现在一般语音识别是独立的模块），主要是槽位识别和意图识别，而且这时候识别的意图有可能是有多个的，对应的槽位也会不同，都会有个置信度。然后就是对话管理模块，它包括Dialog State Tracking（DST）和Dialog Policy。DST就是根据之前的信息得到它的state，state其实就是slot的信息：得到了多少slot，还差什么slot，以及它们的得分等等。Dialog Policy就是根据state做出一个决策，叫action，如还需要什么slot，是否要确认等等。最后就是自然语言生成模块（Natural Language Generation），把相应的action生成一句话回复给用户。Dialog Policy就是根据state做一个决策，只要有了state，就比较容易了，所以DST就比较关键。目前DST主要有这么几种方法。

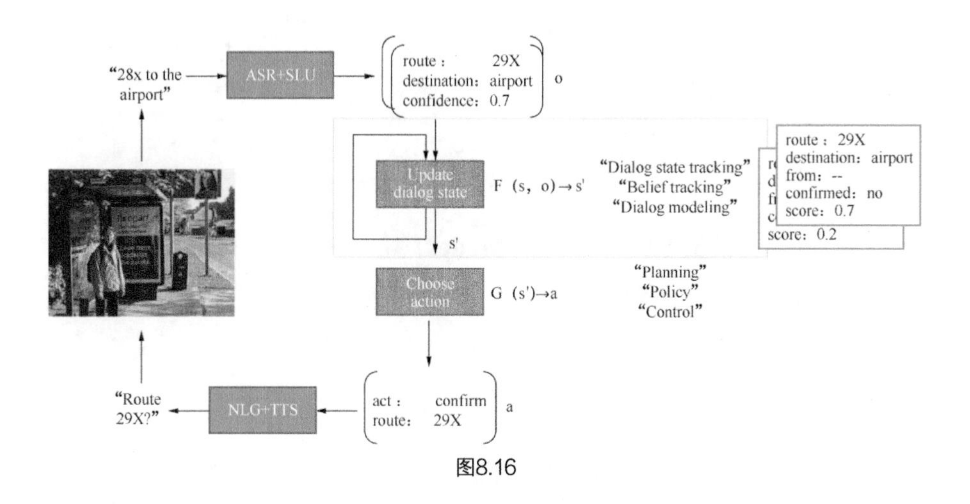

图8.16

（1）生成式模型（Generative Model）

生成式模型把对话状态抽象成有关系统 action 和用户 SLU 结果的贝叶斯网络，所以它的求解可以使用贝叶斯推理，如图 8.17 所示。

$$b'(s') = P(\mathrm{s}, a, \tilde{u}) = \eta \sum_{u'} P(\tilde{u}' \mid u') P(u' \mid \mathrm{s}', a) \sum_{s} P(\mathrm{s}' \mid s, a) b(s)$$

其中，$b'(\mathrm{s}')$就是要求解的新的对话状态概率，$\tilde{u}$ 是 SLU 的结果，这个是可观察到的，s 是上一轮对话状态，是个不可观察变量，u 是上一轮用户的真实 action，也是个不可观察变量，a 是系统 action，是可观察到的。加一撇的都是本轮的表示，$P(\tilde{u}' \mid u')$是给定用户真实 action 下 SLU 结果的概率，$P(u' \mid \mathrm{s}', a)$是给定系统 action 和本轮对话状态下用户选择 action 为u'的概率，$P(\mathrm{s}' \mid s, a)$是给定上一轮对话状态和系统 action 下对话状态转变成$b(s)$是之前的对话状态概率。

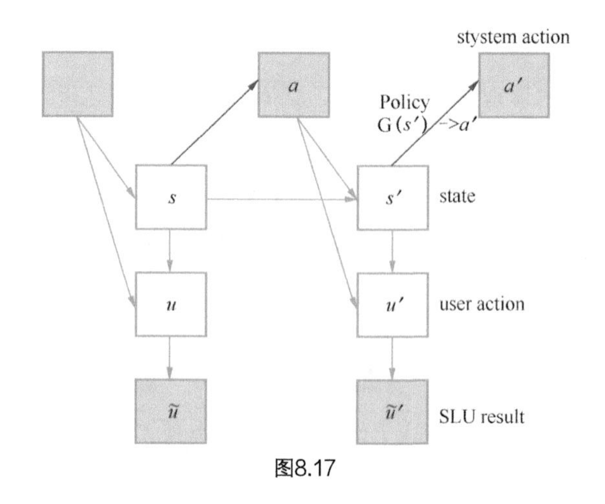

图8.17

（2）判别式模型（Discrimitive Model）

判别式模型是把问题抽象成一个分类问题，根据之前对话的一些特征来预测新的 state 的概率

$$b'(\mathrm{s}') = P(\mathrm{s}' \mid \mathrm{f}')$$

其中，f′是从 SLU 结果和历史对话信息中抽取出来的特征。

这其实就是个分类问题，当然也可以把 slot 打分看成序列标注问题，这也就可以使用 CRF 等序列标注模型来处理了。只要是分类模型或者序列标注问题，那么也就可以使用深度学习了。

而且只要是有明确 action 的地方，也就可以融入强化学习的激励惩罚机制。

（3）规则系统

规则系统其实很好理解了，也是一种很可控的方法。对话管理主要有两个关键因素：state 和 action。我们知道 NLU 模块会分析出句子意图和相关 slot，意图和 slot 都是有置信度的，那么 state 其实就是意图和 slot，action 就是根据 state 的一些回复。对于某一个具体任务来说，需要询问的 slot 其实是可以预先知道的，那么缺哪些 slot 就询问哪些 slot 就可以了，不确定的 slot 和意图就和用户进行确认。对置信度低的不确定的进行确认并影响到之后相似的情况其实就是强化学习的思想了。当然还有一些细节需要考虑到系统里面，如对 slot 的范围限定、slot 和 slot 之间的冲突，以及用户有意捣乱的情况等等。举个例子，对于订机票任务，用户回复出发时间的时候，这个时间不能是当前时间之前的时间，否则就要和用户进一步确认；出发地点和到达地点也不能是同一个地点，否则也要确认。

所以规则系统就是有一个配置文件，写一些规则，然后线上把意图和 slot 的相关字段传过来进行解析处理就可以了。

我们把机票类简化成只需要用户的出发地和目的地，来看一个具体的如下示例，大家就会比较清楚规则系统了：

```
参数：
{
this_intent = flight
last_intent = flight
}

补全槽位：
```

```
{
if(sub_type = SEARCH)                    //子意图类型
start_loc<city>|end_loc<city>     //该子意图下需要处理的槽位
confirm = #出发地是[start_loc]|目的地是[end_loc]#吗?
final = 好的，你订了从[start_loc]到[end_loc]的航班，请确认。

if(sub_type = LOW_WEIGHT|UNCERTAIN)
NO_SLOT
confirm =
final = 哎呀，你是要聊天还是要订机票?
}

槽间约束:
{
start_loc != end_loc :: 出发地与目的地不能一样哦。
}

槽内约束:
{
// 类型约束
type:
start_loc == LOC_CITY|LOC_TOWN|LOC_FLIGHT_AIRPORT      // 正确类型
start_loc ~= LOC_COUNTRY|LOC_PROVINCE|LOC_ROAD         // 不正确类型
end_loc == LOC_CITY|LOC_TOWN|LOC_FLIGHT_AIRPORT
end_loc ~= LOC_COUNTRY|LOC_PROVINCE|LOC_ROAD

// 范围约束
content:
start_loc ==
end_loc ==
}

槽位定义:
{
start_loc:
is_must = 1            // 0:选填槽 1:必填槽 2:选填槽，但要向用户提问
repeat_time = 2        // 未填时重复问几次

end_loc:
is_must = 1
```

```
repeat_time = 2
}

回答：
{
normal:
null_out = 我问的不是这个啊
intent_true = 好的，我跟您确认下具体的信息。

start_loc:
type_true_content_true =出发地已更新成功。
type_true_content_false =出发地已更新成功。
type_correlate = 您的出发城市是？
type_false = 您从哪个城市出发呢？

end_loc:
type_true_content_true =目的地已更新成功。
type_true_content_false =目的地已更新成功。
type_correlate = 您要去哪个城市？
type_false =您去哪个城市呢？
}
```

针对任务型对话系统的这3类方法各有特点，基于模型的方法需要有标注的训练数据，而在数据缺失的情况下，规则系统会比较有效。规则系统突出了NLU的重要性，因为它用到了NLU的1-best结果，而不是N-best结果。

3. 闲聊型

闲聊型的对话系统更多地是人和机器没有明确限定的聊天，如果前两个类型是打机器的“智商”牌的话，那么这个类型就是打机器的“情商”牌，让人感觉机器更加亲切，而不是冷冰冰的完成任务（如果回复语句自然且有意思的话，其实也不那么冷冰冰）。

闲聊型对话系统主要有3种方法：规则方法、生成模型和检索方法。

（1）规则方法

20世纪60年代，由约瑟夫·魏泽堡和肯尼斯·科尔比共同编写的一个聊天机器人 ELIZA 就是使用纯规则方法，这种方法就是写一个较泛化的模板，然后回复一个或多个相应的模板，如下面两个规则。

```
(?X are you ?Y)
(Would you prefer it if I weren't ?Y)

((?* ?X) I want (?* ?Y))
(You really want ?Y)
(Why do you want ?Y)
```

当用户说 I want to play basketball，那么就会回复 Why do you want to play basketball 或者 You really want to play basketball。所以规则系统关键是如何写一堆规则和线上的快速匹配。目前没有哪个系统是纯规则的了，规则方法顶多只是在一些其他方法处理不好的情况下的一个补充。

（2）生成模型

生成模型是随着深度学习的热潮而提出的比较火热的方向。前面的深度学习章节详细介绍了很多模型，现在我们简单回顾下思想。它首先使用一个 RNN 模型把输入句子“ABC”表示成一个向量，然后把这个向量作为另一个 RNN 模型的输入，最后使用语言模型生成目标句子“WXYZ”。这种方法的优点是省去了中间的模块，缺点是生成的大多是泛泛的无意义的回复、前后回复不一致，或者有句子不通顺的问题（一句话不通顺其实都很难解决）。好多人也在融合上下文、Topic、互信息等来解决多样性问题，但遗憾的是，只使用这种方法效果并不尽人意（而且非常依赖于大量高质量的训练语料），它可以结合其他模型和策略来处理。例如 Google 发表的这篇论文《Smart Reply: Automated Response Suggestion for Email》，就非常值得一读，它要完成的任务是邮件的自动回复。这更多的是一个简化版的对话系统，论文为了能生成高质量的回复，首先用图方法事先聚类出一个高质量集合，最终的回复都是在该集合中，这算是较实用的一个生成系统了，如图 8.18 所示。

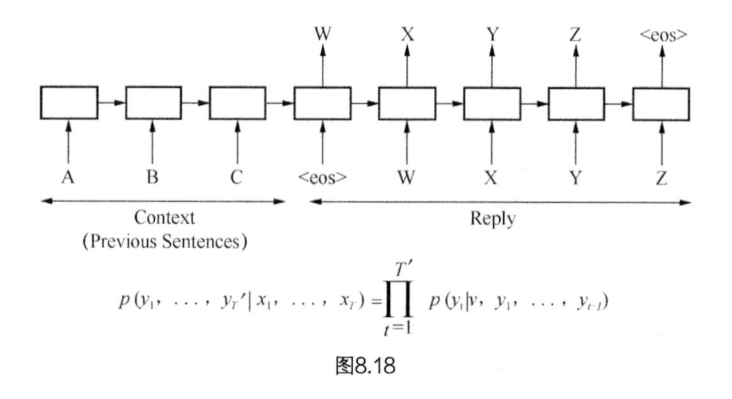

$$p(y_1, \ldots, y_{T'} | x_1, \ldots, x_T) = \prod_{t=1}^{T'} p(y_t | v, y_1, \ldots, y_{t-1})$$

图8.18

（3）检索方法

检索方法的思想是，如果机器要给人回复一句话，假设这句话或相似的话之前有人说过，只需要把它找出来就可以了。这种方法就需要事先挖掘很多的语料。它最基本的流程就是首先进行 NLU，然后从语料库中召回一些可能的回复，最后使用更精细和丰富的模型（语义相似度、上下文模型等）找出最合适的回复给用户，期间一定要注意处理“答非所问”的现象。语义相似度的技术前面也介绍过了。对话还少不了这几个核心技术：意图识别、上下文模型、个性化模型和自学习。意图识别其实是语言量化的问题，目前是通过分类、聚类、语义相似度和模板等多个技术来解决。上下文模型就需要省略补全，把缺失的信息补全了，那其实就是单轮对话了，否则就要结合上下文的 Topic 和 Keyword 来处理，主要的宗旨就是不能语义跑偏了。个性化模型不光要考虑用户画像，还要考虑场景（时间、地点等）。个性化我觉得重点在机器能否记住用户的状态并给出相应的回复，就像朋友之间一样，假如你感冒了，然后又想去打球，那么朋友就会问：“你感冒了还去打球啊”？是不是感觉很亲切，这就需要进行话题识别，自然就会引出话题的关系识别，如话题冲突、话题连贯等等。自学习需要结合用户聊天过程中的反馈（情感分析）来对当前的对话进行评估是否可再利用。

如果把问答型、任务型和聊天型都融合到一个对话系统中（不同的系统侧重点会不用），就是如图 8.19 所示。

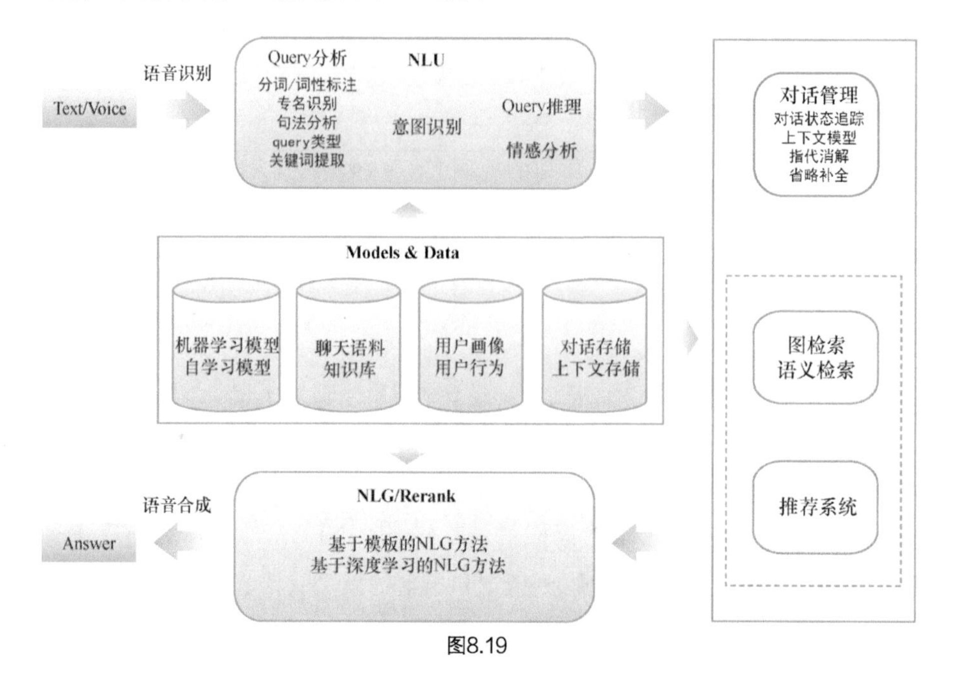

图8.19

对话系统评价。对于问答型，现在能回答的更多的是实体，所以也很容易评价。对于任务型，从整体就是看该对话是否完成了用户的任务，所以也是可评价的。对于闲聊型，由于闲聊回复太多样，所以这个任务是很难自动评价的，它等同于图灵停机问题（是否存在这样一个程序，它能够计算任何程序在给定输入上是否会结束），被证明是不存在的。举个通俗例子：你能写个程序，来判断你的另一个程序是否有 Bug 吗？所以闲聊型任务更多的需要人工评价以及反馈。

8.3 语言的特殊性

人类是由古猿进化而来的。古猿又是由低等灵长类动物进化来的（约 5000 万年前）。人的听觉、视觉、嗅觉、味觉和触觉这些感官都是在进化过程中一直存在的（也就是原始信号），而人的思想却是一步一步“进化”来的。思想的体现是行为，不管是动物阶段还是古猿阶段，那个时候的思想很简单，行为基本体现就是吃喝拉撒、打架、生殖后代。而现阶段的人的思想却是非常复杂的，他可以使用并建造工具，建立组织（国家、社会、学校等），研究万物包括人类自己，探索宇宙等等，而语言也是随着思想逐步“进化”来的，因为语言就是思想传递的媒介，也是人类特有的，如图 8.20 所示。

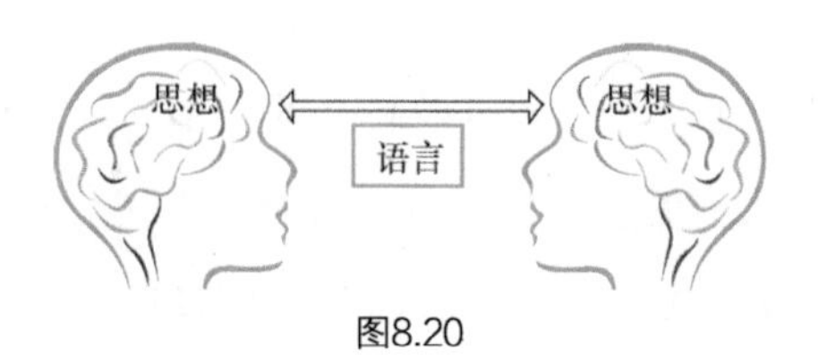

图8.20

既然语言是人类思想的传递媒介，那么就可以使用任何符号来表示语言。中国人用汉字表示，美国人用英文字母表示，你也可以自己创造符号来表示，只要使用的人双方认可就行，如数学家就用数学公式来表达思想。乔姆斯基认为人组织语言遵循一定的语法规则，而且这是先天性的知识，叫做普通语法，正是有这种语法规则的存在才可以把字组织成句子来表达思想（但是真是这样吗？为什么不是人根据大脑强大的推理泛化机制从个例中学习到更丰富的句子模式的使用呢？），尽管有基本的语法规则，但是几乎所有的语法规则都存在例外，对这些例外人却可以轻松自如的应对。拿汉语来说，常用词不到 1 万个，这些词可以按照语法规则组成句子，而且句子长度不固定。学过排列组合的人都可以知道，这将会产生几乎无穷多个句子，去除掉不符合语法规则的也剩下很多，所以对计算机来说这已经造成了很大的困难。**如何量化（表示）这么多语义呢？**所谓的大数据在这种组合爆炸面前就不成大数据了，这也是为什么现在深度学习表征语义没有语音图像出色的原因之一。

然而在现实中**语言的贫乏**也是有目共睹的，你肯定有过一些情景很难用语言来描述的经历，如未知事物、一些主观感觉、气味、痛苦等描述性的东西，但是这些东西可以靠隐喻来弥补一部分，如用一些感受过的来形容没有感受过的。例如，你形容一个女人长得漂亮怎么形容，“漂亮”“身材好”“皮肤好”等字眼，但是用隐喻就不一样了，“樱桃小嘴”“婀娜多姿的身材”“吹弹欲破”，看吧，隐喻丰富了语言（理解时需要人的深层推理和抽象能力），但是这些隐喻对计算机又造成了另外一些困难。**如何理解隐喻？**

语言的贫乏自然造成了语言的歧义，同样的词要表示不同的意思，更难的是，语言中本身就包含很多粗糙歧义的字眼（如“这里”“那里”“很快”“一些”），然而人类的视觉系统中就存在一个“什么”系统和一个“哪里”系统，所以当面沟通，多数可能的歧义就会明朗起来。而且人们在生活中并不需要那么精确（如“这里”“那里”，并不需要精确到空间坐标上具体的某一个经纬度），但是对于计算机就要面临一个新的问题。**如何解决歧义？**所以好多专业都有自己的无歧义沟通语言，如数学家用公式、程序员用程序语言。因此，目前NLP好多任务（分词、词性标注、专名识别、指代消解等等）最大的难点就在处理歧义。

可以看到，语言本身具有不完备性，计算机单纯理解人类的语言已经面临很大的困难了，虽然NLP好多任务准确率很高了，但是与人类应对语言的程度相比，还太初级，更不用说人类的其他能力（推理、感知、思考、意识等），所以现在好多系统本质上还停留在“关键词”层面，因为没有更好的表示方法，尽管深度学习给了一种表示思路（浮点向量化），但是还很初级。

语言到底是怎么来的？为什么是人类特有的？这些问题与物质的结构、宇宙的起源、生命的本质和智能的产生一样很难回答，现在也没有明确的答案。正如哥德尔不完备定理向我们证明的：当我们试图解释世界时，我们永远都无法证明我们的解释是对的，所以也许人类是不是只有跳出自己的维度空间才能真正恍然大悟？但是人如果真能跳出自己的维度空间，还能回到自己的空间吗？但是如果人类及其所在的世界是“造物主开发的一个游戏”（量子物理的波粒二象性、不确定性原理等理论以及佛教认为一切如梦幻泡影），那么语言就是这个游戏的一个版本升级，也许过若干年后，人类又会**进化**出其他特殊的技能（如果人类还能生存那么久的话，因为进化需要很长时间）。

开发出像科幻电影（例如电影《her》）里那样的智能系统是人们的终极目标，也是人工智能的目标之一。对于对话系统来说，除了刚才所说的单纯处理语言的难点外，还有很多难点。

（1）物理场景很难融合。沟通是有场景的，时间、地点、环境等等，目前的上下文处理和推理相对人类智能都很初级。例如两个人的交谈：A: 快点走；B: 30；这个对话发生时间在14:21，那个30其实表示的是14:30走，对两个当事人很容易理解，换做机器呢？直接就懵了。也就是人类可以很好的理解环境背景并且可以在交流的过程当中学习到知识并灵活应用知识，对于计算机却很难。

（2）知识很难融合。知识这个东西本来就是很难定义，目前的知识建设、知识表示和知识推理都还比较初级，能解决的问题非常非常有限，人类有强大的表征知识的能力来应对，而对于计算机这种明确定义的体系却很困难。所以说，围绕语言的智能系统路还很漫长，也需要大家共同努力和进步。

对于人工智能来说，笔者隐约感觉现在的理念就是“**计算即智能**”，依靠许多数据，进而依靠机器的高性能来训练模型，目前基于图灵机（冯诺依曼体系是图灵机的一种实现）的计算机是一套明确的确定的人为设定的编码规则，所以只要是明确需要计算量的单一任务计算机解决是迟早的事，因此许多单一任务组合成让人类更方便的产品（姑且称为“浅层智能”）在可预见的未来是可以做好的，但是任何进步都是从量变到质变的过程，所以要想达到这种浅层智能，也必须要经过基础产业升级（基础科学、基础通讯、基础硬件）、物联网和自动化等过程。然而人类的智能却非常高级，它是依靠小样本，根据人类大脑的推理和泛化能力（高维的相似度）来学习的，所以对于自学习、推理、记忆、思考、欲望、意识等不确定的、无法感知和测量的东西，计算机仍然毫无头绪。打造像人类这样的“高度智能”还是相当困难的，那是不是现有的计算体系就不适合表征这些东西呢？是不是需要先创造相应的非图灵机概念的计算模式呢？我不知道！总之，人工智能还有很长的路要走，而且人工智能更是物理学、生物学、脑科学、机械学和计算机科学等多个学科共同发展、互相促进的结果。

8.4 问题与思考

1. 简述 NLP 的发展历史。
2. 如何结合深度学习来完成专名识别？
3. 句法分析有哪些方法？
4. 如何建立知识图谱？如何量化知识？
5. 理解语言有哪些难点？
6. 语言如何量化？
7. Seq2Seq 模型在完成对话系统时有哪些问题？
8. 人工智能在现阶段真的很可怕吗？

结语

我们全书都在讲自然语言处理，包括相应的机器学习技术（其中也有深度学习及其一些典型应用），重点介绍了搜索引擎、推荐系统、对话系统等几个系统，还探讨了对人工智能的一些看法。

从获得信息的角度来说，搜索引擎是用户主动获取信息的方式，推荐系统是被动地给用户呈现信息的方式。不少人认为搜索引擎和推荐系统的技术已经很成熟了，其实并不然，它们只是在目前技术和产品形态下比较成熟了。就拿用户画像来说，现在的系统都是给用户打各种标签来表示用户的兴趣（算是一种折衷的表示方案），但具有同一个标签的人难道就有相同的兴趣吗？人的兴趣有时候用自然语言都难以表示，尤其是短期兴趣，更不用说几个标签了（不准确性）。再加上现在各家公司的产品都是孤立的，也就是说每一个产品获得的都是用户的部分信息，导致了捕捉用户兴趣的稀疏性（不完整性）。不知道大家有没有看过《鹰眼》这部电影，电影里的那个系统才是真正的个性化，它可以监控一个人到秒级别。个性化发展的越远，也意味着用户越没有隐私（个性化和隐私一定是个矛盾体），所以，现在的推荐系统其实个人认为更像是一个无需用户选择的关键词订阅器。

搜索引擎其实也是产品设计上的一个简化，由于技术达不到直接给用户想要的信息，所以呈现给用户所有通过关键词筛选后的结果，然后用户自己再去筛选。最理想的情景自然是直接呈现给用户想要的结果，当用户表达不清楚的时候，和他交互确认好，再给他想要的信息，而且会记录下用户的喜好，了解用户的情感。这其实就是真正的对话系统（但是并不能说对话系统就是解决所有需求的最终形态和唯一形态，其他该有的形态还是少不了），那么这种情景什么时候才能真正实现呢？我不知道，短期恐怕是见不到了。

技术必然一直在进步，它会让人类的生活越来越方便、高效和美好（当然理念创新、产品创新和商业模式创新都是社会进步的因素）。尽管我们向往的目标很美好，但是中间一定会经过一系列量变的阶段。要想达到前面说的“浅层智能”，我觉得在这之前少不了相应基础产业持续升级、互联网化和自动化这几个进程。社会是一点一点进步的，天下没有免费的午餐，没有人能一口吃成大胖子，就像现在的汽车工业也经过了马车、蒸汽汽车和内燃汽车等几个阶段发展起来的，所以我们不能好高骛远，应该脚踏实地，在现有技术和数据形态下结合产品设计解决好用户某些方面的需求，创造出真正的社会价值，让人们的生活逐步高效便捷。

作为技术工程师，无论你做什么事情，什么方向，在工作中肯定遇到过不少问题，那么就应该带着问题去寻找和思考新的技术、新的解决方案，切不能盲目跟从。总之，**多学习，多思考！……**

参考文献

Chen, Stanley F, Goodman, et al. An empirical study of smoothing techniques for language modeling[J]. Computer Speech & Language, 1996, 13(4):310-318.

Liu D C, Nocedal J. On the limited memory BFGS method for large scale optimization[J]. Mathematical Programming, 1989, 45(1-3):503-528.

Rendle S. Factorization Machines[C]// IEEE, International Conference on Data Mining. IEEE, 2011:995-1000.

Mcmahan H B, Streeter M. Adaptive Bound Optimization for Online Convex Optimization[J]. Computer Science, 2012, 7(2):163-71.

Mcmahan H B. Follow-the-Regularized-Leader and Mirror Descent: Equivalence Theorems and L1 Regularization[J]. Jmlr, 2011, 15:2011.

Mcmahan H B, Holt G, Sculley D, et al. Ad click prediction: a view from the trenches[C]// ACM SIGKDD International Conference on Knowledge Discovery and Data Mining. ACM, 2013:1222-1230.

Berger A. The improved iterative scaling algorithm: A gentle introduction[J]. Unpublished Manuscript, 1997.

Wallach H M. Conditional Random Fields: An Introduction[J]. Technical Reports, 2004, 53(2):267-272.

Martí, Nez C, Prodinger H. Discriminative Training Methods for Hidden Markov Models: Theory and Experiments with Perceptron Algorithms[C]// Acl-02 Conference on Empirical Methods in Natural Language Processing. Association for Computational Linguistics, 2002:1-8.

Winn J M. Variational Message Passing and its Applications[J]. University of Cambridge, 2004, 6(2):661--694.

Blei D M, Ng A Y, Jordan M I. Latent dirichlet allocation[J]. Journal of Machine Learning Research, 2003, 3:993-1022.

Heinrich G. Parameter Estimation for Text Analysis[J]. Technical Report, 2008.

Borman S. The Expectation Maximization Algorithm A short tutorial[J]. 2009.

Griths T. Gibbs Sampling in the Generative Model of Latent Dirichlet Allocation [J]. Standford University, 2002.

Collobert R, Weston J, Karlen M, et al. Natural Language Processing (Almost) from Scratch[J]. Journal of Machine Learning Research, 2011, 12(1):2493-2537.

Le Q V, Mikolov T. Distributed Representations of Sentences and Documents[J]. 2014, 4:II-1188.

Li J, Hovy E. A Model of Coherence Based on Distributed Sentence Representation[C]// Conference on Empirical Methods in Natural Language Processing. 2014:2039-2048.

Kiros R, Zhu Y, Salakhutdinov R, et al. Skip-Thought Vectors[J]. Computer Science, 2015.

Pascanu R, Mikolov T, Bengio Y. On the difficulty of training Recurrent Neural Networks[J]. Computer Science, 2012, 52(3):III-1310.

Kingma D P, Ba J. Adam: A Method for Stochastic Optimization[J]. Computer Science, 2014.

Duchi J, Hazan E, Singer Y. Adaptive Subgradient Methods for Online Learning and Stochastic Optimization[J]. Journal of Machine Learning Research, 2011, 12(7):257-269.

Zeiler M D. ADADELTA: An Adaptive Learning Rate Method[J]. Computer Science, 2012.

Tieleman T, Hinton G. RMSProp: Divide the gradient by a running average of its recent magnitude. COURSERA: Neural Networks for Machine Learning.Technical report, 2012.

Cho K, Merrienboer B V, Gulcehre C, et al. Learning Phrase Representations using RNN Encoder-Decoder for Statistical Machine Translation[J]. Computer Science, 2014.

Koutník J, Greff K, Gomez F, et al. A Clockwork RNN[J]. Computer Science, 2014:1863-1871.

Greff K, Srivastava R K, Koutník J, et al. LSTM: A Search Space Odyssey[J]. IEEE Transactions on Neural Networks & Learning Systems, 2017, PP(99):1-11.

Bahdanau D, Cho K, Bengio Y. Neural Machine Translation by Jointly Learning to Align and Translate[J]. Computer Science, 2014.

Ghosh S, Vinyals O, Strope B, et al. Contextual LSTM (CLSTM) models for Large scale NLP tasks[J]. 2016.

Goodfellow I J, Pouget-Abadie J, Mirza M, et al. Generative adversarial nets[C]// International Conference on Neural Information Processing Systems. MIT Press, 2014:2672-2680.

Creswell A, White T, Dumoulin V, et al. Generative Adversarial Networks: An Overview[J]. 2017.

Salimans T, Goodfellow I, Zaremba W, et al. Improved Techniques for Training GANs[J]. 2016.

Sutskever I, Vinyals O, Le Q V. Sequence to sequence learning with neural networks[J]. 2014, 4:3104-3112.

Vinyals O, Le Q. A Neural Conversational Model[J]. Computer Science, 2015.

Shang L, Lu Z, Li H. Neural Responding Machine for Short-Text Conversation[J]. 2015:52-58.

Yao K, Zweig G, Peng B. Attention with Intention for a Neural Network Conversation Model[J]. Computer Science, 2015.

Pascual B, Gurruchaga M, Ginebra M P, et al. A Neural Network Approach to Context-Sensitive Generation of Conversational Responses[J]. Transactions of the Royal Society of Tropical Medicine & Hygiene, 2015, 51(6):502-504.

Li J, Galley M, Brockett C, et al. A Diversity-Promoting Objective Function for Neural Conversation Models[J]. Computer Science, 2015.

Mou L, Song Y, Yan R, et al. Sequence to Backward and Forward Sequences: A Content-Introducing Approach to Generative Short-Text Conversation[J]. 2016.

Li J, Monroe W, Ritter A, et al. Deep Reinforcement Learning for Dialogue Generation[J]. 2016.

Li J, Galley M, Brockett C, et al. A Persona-Based Neural Conversation Model[J]. 2016.

Lowe R, Pow N, Charlin L, et al. Incorporating Unstructured Textual Knowledge Sources into Neural Dialogue Systems[j]. 2015.

Su P H, Gasic M, Mrksic N, et al. On-line Active Reward Learning for Policy Optimisation in Spoken Dialogue Systems[J]. 2016:2431-2441.

Iyyer M, Manjunatha V, Boyd-Graber J, et al. Deep Unordered Composition Rivals Syntactic Methods for Text Classification[C]// Meeting of the Association for Computational Linguistics and the, International Joint Conference on Natural Language Processing. 2015:1681-1691.

Li S, Jouppi N P, Faraboschi P, et al. MEMORY NETWORK:, WO/2014/178856[P]. 2014.

Sukhbaatar S, Szlam A, Weston J, et al. End-To-End Memory Networks[J]. Computer Science, 2015.

Hermann K M, Kočiský T, Grefenstette E, et al. Teaching machines to read and comprehend[J]. 2015:1693-1701.

Kadlec R, Schmid M, Bajgar O, et al. Text Understanding with the Attention Sum Reader Network[J]. 2016:908-918.

Lowe R, Pow N, Serban I, et al. The Ubuntu Dialogue Corpus: A Large Dataset for Research in Unstructured Multi-Turn Dialogue Systems[J]. Computer Science, 2015.

Yu L, Hermann K M, Blunsom P, et al. Deep Learning for Answer Sentence Selection[J]. Computer Science, 2014.

Feng M, Xiang B, Glass M R, et al. Applying Deep Learning to Answer Selection: A Study and An Open Task[J]. 2015:813-820.

Tan M, Santos C D, Xiang B, et al. LSTM-based Deep Learning Models for Non-factoid Answer Selection[J]. Computer Science, 2015.

Yin W, Schütze H, Xiang B, et al. ABCNN: Attention-Based Convolutional Neural Network for Modeling Sentence Pairs[J]. Computer Science, 2015.

Bordes A, Weston J, Usunier N. Open Question Answering with Weakly Supervised Embedding Models[J]. 2014, 8724:165-180.

Bordes A, Chopra S, Weston J. Question Answering with Subgraph Embeddings[J]. Computer Science, 2014.

Friedman J H. Greedy Function Approximation: A Gradient Boosting Machine[J]. Annals of Statistics, 2001, 29(5):1189-1232.

Mohan A, Chen Z, Weinberger K. Web-search ranking with initialized gradient boosted regression trees[C]// International Conference on Yahoo! Learning To Rank Challenge. JMLR.org, 2010:77-89.

Cortes C, Vapnik V. Support-vector networks[J]. Machine Learning, 1995, 20(3):273-297.

Statnikov A, Aliferis C F, Hardin D P, et al. A Gentle Introduction to Support Vector Machines in Biomedicine[M]. WORLD SCIENTIFIC, 2013.

Yang Y, Pedersen J O. A Comparative Study on Feature Selection in Text Categorization[C]// Fourteenth International Conference on Machine Learning. Morgan Kaufmann Publishers Inc. 1997:412-420.

Leung S T, Leung S T, Leung S T. The Google file system[C]// Nineteenth ACM Symposium on Operating Systems Principles. ACM, 2003:29-43.

Dean J, Ghemawat S. MapReduce: simplified data processing on large clusters[C]// Conference on Symposium on Opearting Systems Design & Implementation. USENIX Association, 2008:10-10.

Amy N. Langville, Carl D. Meyer. Deeper Inside PageRank[J]. Internet Mathematics, 2004, 1(3):335-380.

Robertson S, Zaragoza H. The Probabilistic Relevance Framework: BM25 and Beyond[J]. Foundations & Trends® in Information Retrieval, 2009, 3(4):333-389.

Rasolofo Y, Savoy J. Term Proximity Scoring for Keyword-Based Retrieval Systems[J]. Lecture Notes in Computer Science, 2002, 2633:79-79.

Hofmann T. Learning the Similarity of Documents: An Information-Geometric Approach to Document Retrieval and Categorization[J]. Advances in Neural Information Processing Systems, 1999:914-920.

Hakkani-Tur D, Hakkani-Tur D, Tur G. LDA based similarity modeling for question answering[C]// NAACL Hlt 2010 Workshop on Semantic Search. Association for Computational Linguistics, 2010:1-9.

Diaz, Fernando. Regularizing ad hoc retrieval scores[J]. 2005:672-679.

Huang P S, He X, Gao J, et al. Learning deep structured semantic models for web search using clickthrough data[C]// ACM International Conference on Conference on Information & Knowledge Management. ACM, 2013:2333-2338.

Chapelle O, Zhang Y. A dynamic bayesian network click model for web search ranking[C]// International Conference on World Wide Web. ACM, 2009:1-10.

Agrawal R, Gollapudi S, Halverson A, et al. Diversifying search results[C]// Acm International Conference on Web Search & Data Mining. ACM, 2009:5-14.

Rafiei D, Bharat K, Shukla A. Diversifying web search results[C]// International Conference on World Wide Web, WWW 2010, Raleigh, North Carolina, Usa, April. DBLP, 2010:781-790.

Welch M J, Cho J, Olston C. Search result diversity for informational queries[C]// International Conference on World Wide Web, WWW 2011, Hyderabad, India, March 28 - April. DBLP, 2011:237-246.

Li L, Jin Y K, Zitouni I. Toward Predicting the Outcome of an A/B Experiment for Search Relevance[C]// Eighth ACM International Conference on Web Search and Data Mining. ACM, 2015:37-46.

Zhang Y, Dai H, Kozareva Z, et al. Variational Reasoning for Question Answering with Knowledge Graph[J]. 2017.

Loshchilov I, Hutter F. SGDR: Stochastic Gradient Descent with Warm Restarts[J]. 2016.

Burges C, Shaked T, Renshaw E, et al. Learning to rank using gradient descent[C]// International Conference on Machine Learning. ACM, 2005:89-96.

Burges C J C. From ranknet to lambdarank to lambdamart: An overview[J]. Learning, 2010, 11.

Pugh W. Skip lists: A probabilistic alternative to balanced trees[C]// Algorithms and Data Structures, Workshop WADS ‘89, Ottawa, Canada, August 17-19, 1989, Proceedings. DBLP, 1990:437-449.

Broder A Z, Carmel D, Herscovici M, et al. Efficient Query evaluation using a two-level retrieval process[C]// Twelfth International Conference on Information and Knowledge Management. ACM, 2003:426-434.

Yin D, Hu Y, Tang J, et al. Ranking Relevance in Yahoo Search[C]// ACM SIGKDD International Conference on Knowledge Discovery and Data Mining. ACM, 2016:323-332.

Mitra B, Craswell N. Neural Models for Information Retrieval[J]. 2017.

Jeh G, Widom J. SimRank: a measure of structural-context similarity[C]// Eighth ACM SIGKDD International Conference on Knowledge Discovery and Data Mining. ACM, 2002:538-543.

He X, Pan J, Jin O, et al. Practical Lessons from Predicting Clicks on Ads at Facebook[J]. 2014(12):1-9.

Gai K, Zhu X, Li H, et al. Learning Piece-wise Linear Models from Large Scale Data for Ad Click Prediction[J]. 2017.

Mcmahan H B, Holt G, Sculley D, et al. Ad click prediction: a view from the trenches[C]// ACM SIGKDD International Conference on Knowledge Discovery and Data Mining. ACM, 2013:1222-1230.

Lemire D, Maclachlan A. Slope One Predictors for Online Rating-Based Collaborative Filtering[J]. Computer Science, 2007:21--23.

Das A S, Datar M, Garg A, et al. Google news personalization: scalable online collaborative filtering[C]// International Conference on World Wide Web. ACM, 2007:271-280.

Sarwar B M, Karypis G, Konstan J A, et al. Application of Dimensionality Reduction in Recommender System -- A Case Study[C]// ACM Webkdd Workshop. 2000.

Bendersky M, Garcia-Pueyo L, Harmsen J, et al. Up next: retrieval methods for large scale related video suggestion[C]// ACM SIGKDD International Conference on Knowledge Discovery and Data Mining. ACM, 2014:1769-1778.

Covington P, Adams J, Sargin E. Deep Neural Networks for YouTube Recommendations[C]// ACM Conference on Recommender Systems. ACM, 2016:191-198.

Cheng H T, Koc L, Harmsen J, et al. Wide & Deep Learning for Recommender Systems[J]. 2016:7-10.

Teo C H, Hill D, Hill D, et al. Adaptive, Personalized Diversity for Visual Discovery[C]// ACM Conference on Recommender Systems. ACM, 2016:35-38.

Castells P, Vargas S, Wang J. Novelty and Diversity Metrics for Recommender Systems:

Choice, Discovery and Relevance[J]. In Proceedings of International Workshop on Diversity in Document Retrieval (DDR, 2009:29--37.

Li L, Wei C, Langford J, et al. A contextual-bandit approach to personalized news article recommendation[J]. 2010:661-670.

Meng R, Zhao S, Han S, et al. Deep Keyphrase Generation[J]. 2017.

Liu J, Dolan P. Personalized news recommendation based on click behavior[C]// International Conference on Intelligent User Interfaces. ACM, 2010:31-40.

Chu W, Park S T. Personalized recommendation on dynamic content using predictive bilinear models[C]// International Conference on World Wide Web. ACM, 2009:691-700.

Li L, Wei C, Langford J, et al. A contextual-bandit approach to personalized news article recommendation[J]. 2010:661-670.

Kouki A B. Recommender system performance evaluation and prediction an information retrieval perspective[J]. 2012.

Said A. Evaluating the Accuracy and Utility of Recommender Systems[J]. Prof. Dr.-Ing. habil. Dr. h.c. Sahin Albayrak, 2013.

Shani G, Gunawardana A. Evaluating Recommendation Systems[J]. Recommender Systems Handbook, 2011:257-297.

Singhal A, Sinha P, Pant R, Use of Deep Learning in Modern Recommendation System: A Summary of Recent Works[C]// Published with International Journal of Computer Applications. IJCA, 2017:17-22.

Lample G, Ballesteros M, Subramanian S, et al. Neural Architectures for Named Entity Recognition[J]. 2016:260-270.

Chen D, Manning C. A Fast and Accurate Dependency Parser using Neural Networks[C]// Conference on Empirical Methods in Natural Language Processing. 2014:740-750.

Berant J, Liang P. Semantic Parsing via Paraphrasing[C]// Meeting of the Association for Computational Linguistics. 2014:1415-1425.

Berant J, Chou A, Frostig R, et al. Semantic parsing on freebase from question-answer pairs[J]. Proceedings of Emnlp, 2014.

Cai Q, Yates A. Large-scale Semantic Parsing via Schema Matching and Lexicon

Extension[C]// Meeting of the Association for Computational Linguistics. 2013:423-433.

Yih W T, Chang M W, He X, et al. Semantic Parsing via Staged Query Graph Generation: Question Answering with Knowledge Base[C]// Meeting of the Association for Computational Linguistics and the, International Joint Conference on Natural Language Processing. 2015:1321-1331.

Ringgaard M, Gupta R, Pereira FCN, et al. SLING: A framework for frame semantic parsing[J]. 2017.

Miwa M, Bansal M. End-to-End Relation Extraction using LSTMs on Sequences and Tree Structures[J]. 2016.

Dong L, Lapata M. Language to Logical Form with Neural Attention[J]. 2016:33-43.

Weston J, Bordes A, Yakhnenko O, et al. Connecting Language and Knowledge Bases with Embedding Models for Relation Extraction[J]. 2013:1134-1137.

Toutanova K, Chen D, Pantel P, et al. Representing Text for Joint Embedding of Text and Knowledge Bases[C]// EMNLP. 2015:21-28.

Verga P, Belanger D, Strubell E, et al. Multilingual Relation Extraction using Compositional Universal Schema[J]. 2015.

Yao X, Durme B V. Information Extraction over Structured Data: Question Answering with Freebase[C]// Meeting of the Association for Computational Linguistics. 2014:956-966.

Chen D, Fisch A, Weston J, et al. Reading Wikipedia to Answer Open-Domain Questions[J]. 2017.

Kannan A, Kurach K, Ravi S, et al. Smart Reply: Automated Response Suggestion for Email[C]// ACM SIGKDD International Conference on Knowledge Discovery and Data Mining. ACM, 2016:955-964.

李航 . 统计学习方法 [M]. 清华大学出版社 , 2012.

Boyd S, Vandenberghe L. Convex Optimization[M]. Cambridge University Press, 2004.

Bishop C M. Pattern Recognition and Machine Learning (Information Science and Statistics)[M]. Springer-Verlag New York, Inc. 2006.

Hastie T, Tibshirani R, Friedman J H, et al. The Elements of Statistical Learning[M]. Springer, 2008.

Goodfellow I, Bengio Y, Courville A. Deep Learning[M]. The MIT Press, 2016.

Montavon G, Orr G, Müller K R. Neural Networks:Tricks of the trade[M]. Springer Berlin Heidelberg, 2012.

Bottou L, Curtis F E, Nocedal J. Optimization Methods for Large-Scale Machine Learning[J]. 2016.

Ricci F, Rokach L, Shapira B, et al. Recommender Systems Handbook[M]. Springer US, 2011.

Indurkhya N, Damerau F J. Handbook of Natural Language Processing. Chapman and Hall/CRC; 2 edition, 2010.

Bakx, G. E., Villodre, L. M., & Claramunt, G. R. Machine learning techniques for word sense disambiguation. Unpublished Doctoral Dissertation, Universitat Politecnica de Catalunya. 2006.

史蒂芬 · 平克 . 思想本质 [M]. 浙江人民出版社 , 2015.

史蒂芬 · 平克 . 语言本能 [M]. 浙江人民出版社 , 2015.

侯世达 . 哥德尔、艾舍尔、巴赫 : 集异璧之大成 [M]. 商务印书馆 , 1997.

罗杰 · 彭罗斯 . 皇帝新脑 [M]. 湖南科学技术出版社 , 2007.

弗朗西斯 · 克里克 . 惊人的假说 [M]. 湖南科学技术出版社 , 2004.

尤瓦尔 · 赫拉利 . 人类简史 : 从动物到上帝 [M]. 中信出版社 , 2014.

比尔 · 布莱森 . 万物简史 [M]. 接力出版社 , 2005.

G. 伽莫夫 . 从一到无穷大 [M]. 科学出版社 , 2002.

Michael S.Gazzaniga, Richard B.Ivry, George R.Mangun. 认知神经科学 [M]. 中国轻工业出版社 , 2011.

曹天元 . 上帝掷骰子吗 : 量子物理史话 [M]. 辽宁教育出版社 , 2006.

吉姆 · 艾尔 - 哈利利 , 约翰乔 · 麦克法登 . 神秘的量子生命 [M]. 浙江人民出版社 , 2016.

空心菜 . 世界就是一个游戏，灵魂如何才不迷失？ [M]. 北京时代华文书局 , 2013.

汪洁 . 时间的形状 [M]. 新星出版社 , 2013.

欢迎来到异步社区！

异步社区的来历

异步社区（www.epubit.com.cn）是人民邮电出版社旗下 IT 专业图书旗舰社区，于 2015 年 8 月上线运营。

异步社区依托于人民邮电出版社 20 余年的 IT 专业优质出版资源和编辑策划团队，打造传统出版与电子出版和自出版结合、纸质书与电子书结合、传统印刷与 POD（按需印刷）结合的出版平台，提供最新技术资讯，为作者和读者打造交流互动的平台。

社区里都有什么？

购买图书

我们出版的图书涵盖主流 IT 技术，在编程语言、Web 技术、数据科学等领域有众多经典畅销图书。社区现已上线图书 1000 余种，电子书 400 多种，部分新书实现纸书、电子书同步出版。我们还会定期发布新书书讯。

下载资源

社区内提供随书附赠的资源，如书中的案例或程序源代码。

另外，社区还提供了大量的免费电子书，只要注册成为社区用户就可以免费下载。

与作译者互动

很多图书的作译者已经入驻社区，您可以关注他们，咨询技术问题；可以阅读不断更新的技术文章，听作译者和编辑畅聊好书背后有趣的故事；还可以参与社区的作者访谈栏目，向您关注的作者提出采访题目。

灵活优惠的购书

您可以方便地下单购买纸质图书或电子图书，纸质图书直接从人民邮电出版社书库发货，电子书提供多种阅读格式。

对于重磅新书，社区提供预售和新书首发服务，用户可以第一时间买到心仪的新书。

用户账户中的积分可以用于购书优惠。100 积分 =1 元，购买图书时，在 0 使用积分 里填入可使用的积分数值，即可扣减相应金额。